本书作者委员会

主任

陈永生

副主任

胡建平　肖体琼

委员

（以姓氏笔画为序）

吕晓兰　杨雅婷　杨德勇　邹　岚

陈　科　柏宗春　高庆生　崔思远

管春松　颜　华

大田作物生产机械化技术丛书
国家科技支撑计划项目"大田作物机械化生产关键技术研究与示范"成果
"十三五"江苏省重点图书出版规划项目

陈永生 主编

蔬菜生产机械化技术与模式

江苏大学出版社
JIANGSU UNIVERSITY PRESS
镇 江

图书在版编目(CIP)数据

蔬菜生产机械化技术与模式 / 陈永生主编. 一 镇江：江苏大学出版社，2017.9

ISBN 978-7-5684-0535-5

Ⅰ. ①蔬… Ⅱ. ①陈… Ⅲ. ①蔬菜园艺一机械化生产 Ⅳ. ①S63

中国版本图书馆 CIP 数据核字(2017)第 193126 号

蔬菜生产机械化技术与模式

Shucai Shengchan Jixiehua Jishu Yu Moshi

主　　编/陈永生
责任编辑/郑晨晖
出版发行/江苏大学出版社
地　　址/江苏省镇江市梦溪园巷 30 号(邮编：212003)
电　　话/0511-84446464(传真)
网　　址/http://press.ujs.edu.cn
排　　版/镇江华翔票证印务有限公司
印　　刷/句容市排印厂
开　　本/718 mm×1 000 mm　1/16
印　　张/10
字　　数/202 千字
版　　次/2017 年 9 月第 1 版　2017 年 9 月第 1 次印刷
书　　号/ISBN 978-7-5684-0535-5
定　　价/35.00 元

序

当前,我国农业资源与环境约束趋紧,发展方式粗放,农产品竞争力不强,农业劳动力区域性、季节性短缺,劳动力成本持续上升,拼资源、拼投入的传统生产模式难以为继。谁来种地、如何种地,成为我国现代农业发展迫切需要解决的重大问题。

机械化生产是农业发展转方式、调结构的重要内容,直接影响农民种植意愿和农业生产成本,影响先进农业科技的推广应用,影响水、肥、药的高效利用。2016年,我国农业耕种收综合机械化水平达到65%,农机工业总产值超过4200亿元,成为全球农机制造第一大国,有效保障了我国的“粮袋子”“菜篮子”。

与现代农业转型发展要求相比,我国关键农业装备有效供给不足,结构性矛盾突出。粮食作物机械过剩,经济作物和园艺作物、设施种养等机械不足;平原地区机械过剩,丘陵山区机械不足;单一功能中小型机械过剩,高效多功能复式作业机械不足,一些高性能农机及关键零部件依赖进口。同时,种养业全过程机械化技术体系和解决方案缺乏,农机农艺融合不够,适于机械化生产的作物品种培育和种植制度的标准化研究刚刚起步,不能适应现代农业高质、高效的发展需要。

“十二五”国家科技支撑计划项目“大田作物机械化生产关键技术研究与示范”针对我国粮食作物、经济作物和园艺作物农机农艺不配套问题,以农机化工程技术和农艺技术集成创新为重点,筛选适宜机械化的作物品种,优化农艺规范;按照种植制度和土壤条件,改进农业装备,建立机械化生产试验示范基地,构建农作物品种、种植制度、肥水管理和装备技术相互融合的机械化生产技术体系，不断提高农业机械化的质量和效益。

本系列丛书是该项目研究的重要成果，包括粮食、棉花、油菜、甘蔗、花生和蔬菜等作物生产机械化技术及土壤肥力培育机械化技术等，内容全面系统，资料翔实丰富，对各地机械化生产实践具有较强的指导作用，对农机化科教人员也具有重要的参考价值。

罗锡文

2017 年 5 月 15 日

前　言

我国是世界上最大的蔬菜生产国和消费国，蔬菜播种面积和产量分别约占世界总量的40%和50%以上。蔬菜产业已经从昔日的“家庭菜园”逐步发展成为主产区农村经济发展的支柱产业，保供、增收、促就业的地位日益突出。当前我国蔬菜供求总量基本平衡，但用工难、用工贵的问题在蔬菜生产中越发突显。随着我国城镇化进程的加快和农村富余劳动力向非农产业的转移，劳动力成本不断增大将成为蔬菜生产发展的主要制约因素，也将成为实行机械化的直接推动力。因此，加快蔬菜生产机械化是当前蔬菜产业发展的一项紧迫任务。

本书从农机农艺融合的视角出发，系统梳理了蔬菜生产各环节的机械化技术和农艺要求，介绍了各环节现有的作业机具。通过大量的文献分析和实地调研，总结出国外发达国家蔬菜机械化发展的成功经验和国内机械化水平较好地区的生产方案，并分析了我国不同地区蔬菜生产的特征和机械化发展的掣肘之处，最后针对性地提出了促进蔬菜机械化发展的对策建议，旨在为促进我国蔬菜生产机械化健康、快速发展提供理论依据和案例参考。

全书共分8章。第1章为概述，作者陈永生、杨雅婷，主要介绍了我国蔬菜产业的地位、发展现状，指出了我国蔬菜生产机械化面临的机遇和挑战，并对国内外蔬菜生产机械化发展概况进行了总结；第2章为蔬菜耕整地机械化技术与装备，作者管春松、高庆生，主要介绍蔬菜耕整地环节的机械化技术、农艺要求和相关装备；第3章为蔬菜播种机械化技术与装备，作者邹岚，主要介绍蔬菜播种环节的机械化技术、农艺要求和相关装备；第4章为蔬菜移栽机械化技术与装备，作者颜华、陈科，主要介绍蔬菜移栽环节机械化技术、农艺要求和相关装备；第5章为蔬菜田间管理机械化技术与装备，作者吕晓兰、柏宗春，主要介绍植保施药、水肥一体化与节水灌溉、中耕管理和中耕除草技术与装备；第6章为蔬菜收获机械化技术与装备，作者胡建平、杨德勇，主要介绍蔬菜收获机械化现状与趋势，并分别介绍叶菜类、根菜类和果菜类蔬菜收获装备；第 7 章为蔬菜机械化生产技术模式，作者肖体琼、崔思远，主要介绍国外蔬菜机械化生产模式与经验，国内蔬菜机械化生产模式探索；第 8 章为展望与建议，作者陈永生，主要介绍我国蔬菜生产机械化发展的展望和对策建议。本书由华中农业大学廖庆喜教授、南京农业大学汪小昆教授共同审稿并提出了修改意见，使书稿质量大为提高；江苏省农机具开发应用中心马拯胞研究员、北京市农业机械试验鉴定推广站秦贵研究员、上海市农业机械研究所陆春胜研究员、山东省农业机械技术推广站陈传强研究员、成都市农林科学院农业机械研究所孙聪研究员及国家科技支撑计划“园艺作物机械化高效栽培关键技术研究与示范”课题组的其他同志为本书提供了丰富的素材，在此，谨一并致以衷心的感谢！

我国蔬菜生产机械化事业刚刚起步，发展艰难，非常需要用开创精神来进行研究。本书是对我国蔬菜机械化生产现状的总结和未来发展方向的探索，希望能够抛砖引玉，激发更多新探索和新思路。

限于作者水平，书中疏漏和不妥之处在所难免，恳请读者予以批评指正，以期后续能够修改完善。

编　者

2017 年 4 月

目　录

第1章 概 述

1.1 我国蔬菜产业现状

我国是世界上最大的蔬菜生产国和消费国,蔬菜播种面积和产量分别约占世界总量的40%和50%以上。2015年全国蔬菜(不含西甜瓜)播种面积达34 333.65万亩,总产量达81 575.14万t,人均占有量约600 kg,位居世界第一。蔬菜播种面积约占同年农作物播种面积总量的12.5%,在种植业中居第二位。蔬菜生产是农民收入的重要来源,对全国农民人均纯收入贡献1 000多元,占农民人均纯收入的15%。蔬菜产业是吸纳农民就业的重要行业,我国直接从事生产的人员有9 000多万人。因此,蔬菜产业不仅是农业的一大支柱产业,也成为国民经济的一个重要产业,成为关系社会稳定的民生产业。

1.1.1 蔬菜产业发展的基本态势

2012年1月,国家发展改革委、农业部会同有关部门发布了《全国蔬菜产业发展规划(2011—2020年)》。规划指出,改革开放以来,蔬菜产业总体保持平稳较快发展,由供不应求到供求总量基本平衡,品种日益丰富,质量不断提高,市场体系逐步完善,总体上呈现良好的发展局面。

(1)生产持续发展

20世纪80年代中期蔬菜产销体制改革以来,随着种植业结构调整步伐的加快,全国蔬菜生产快速发展,产量大幅增长,上市基本均衡,供应状况发生了根本性改变。播种面积由1990年的近1亿亩增加到2015年的3亿亩左右,产量由2亿t提高到8亿t,人均占有量由170 kg左右增加到600 kg左右,常年生产的蔬菜达14大类150多个品种,逐步满足了人们多样化的消费需求。表1-1的统计表明,在我国,辣椒、番茄等茄果类和白菜、结球甘蓝等叶菜类蔬菜的种植面积较大。

表 1-1　2015 年我国几种主要蔬菜的生产情况

品种	播种面积/万亩	产量/万 t
辣椒	3 221.1	6 587.2
白菜	2 793.7	8 640.9
番茄	2 107.0	7 982.7
普通白菜	2 029.7	3 364.5
黄瓜	1 913.7	7 161.5
萝卜	1 693.6	4 336.6
大蒜	1 387.4	2 030.9
茄子	1 375.2	4 006.9
结球甘蓝	1 289.7	3 252.6
菜豆	1 088.6	1 976.6

（2）布局逐步优化

随着工业化、城镇化的推进，以及交通运输状况的改善和全国鲜活农产品“绿色通道”的开通，生产基地逐步向优势区域集中，形成华南与西南热区冬春蔬菜、长江流域冬春蔬菜、黄土高原夏秋蔬菜、云贵高原夏秋蔬菜、北部高纬度夏秋蔬菜、黄淮海与环渤海设施蔬菜六大优势区域，呈现栽培品种互补、上市档期不同、区域协调发展的格局，有效缓解了淡季蔬菜供求矛盾，为保障全国蔬菜均衡供应发挥了重要作用。总体而言，当前我国蔬菜播种面积呈现东部面积稳定、中西部持续增加的趋势。2014 年全国蔬菜播种面积前十位的省份分别是：山东、江苏、河南、四川、广东、贵州、湖南、河北、湖北、广西壮族自治区。

从蔬菜种植模式来看，近年来，我国设施蔬菜生产一直呈稳定发展趋势（参见表 1-2）。2016 年设施蔬菜播种面积达到 5 841 万亩，播种面积和产量分别约占总量的 20% 和 30%。从世界范围来看，我国的设施蔬菜播种面积占世界总量的 85% 以上，无论是面积和产量都高居世界第一。从设施类型来看，农业部农机化司的统计表明，2015 年我国温室和塑料大棚蔬菜面积总计 3 180 万亩，其中，日光温室面积 1 045 万亩，约占总量的 33%；塑料大棚面积 2 065 万亩，约占总量的 65%；连栋温室面积 70 万亩，约占总量的 2%。从区域分布来看，设施蔬菜的主产区是黄淮海及环渤海湾地区、长江中下游地区、西北地区等，2013 年全国设施蔬菜播种面积较大的省份依次是：山东、江苏、河北、辽宁、安徽、河南、陕西，上述 7 个省份的设施蔬菜播种面积约占全国总量的 69%。从种植种类来看，设施种植面积居前 10 位的蔬菜种类分别是番茄、黄瓜、辣椒、茄子、芹菜、菜豆、小白菜、西葫芦、韭菜、豇豆。上述10种蔬菜的播种面积约占我国设施蔬菜面积的70%。

表1-2 我国设施蔬菜播种面积变化情况 万亩

年份	面积
1998	2 084
2000	2 751
2002	3 161
2004	3 866
2006	4 112
2008	5 021
2010	5 165
2012	5 488
2014	5 793
2016	5 841

(3) 质量显著提高

自2001年"全国无公害食品行动计划"实施以来,农产品质量安全工作得到全面加强,蔬菜质量安全水平明显提高。据农业部农产品质量安全例行监测结果,近十年来,我国蔬菜农残检测合格率稳定在96%,蔬菜质量总体上是安全、放心的。在蔬菜质量安全水平提高的同时,商品质量也明显提高,净菜整理、分级、包装、预冷等商品化处理数量也逐年增加。

(4) 加工业快速发展

我国蔬菜加工业发展迅速,特色优势明显,促进了出口贸易。据农业部不完全统计,2009年全国蔬菜加工规模企业10 000多家,年产量4 500万t,消耗鲜菜原料9 200万t,加工率达到14.9%。2014年我国蔬菜出口量976万t,比上年增加1.5%;出口额125.0亿美元,贸易顺差119.9亿美元,比上年增加7.3%。另据统计,2010年,我国番茄酱产量150多万t,占世界总产量的近40%;脱水食用菌57万t,占世界总产量的95%,均居世界第一位。

(5) 科技水平不断提高

我国蔬菜品种、生产技术不断创新与转化,显著提高了产业科技含量和生产技术水平。全国选育各类蔬菜优良品种3 000多个,主要蔬菜良种更新5~6次,良种覆盖率达90%以上;设施蔬菜播种面积达到5 000多万亩,特别是日光温室蔬菜高效节能栽培技术研发成功,实现了在室外-20 ℃严寒条件下不用加温生产黄瓜、番茄等喜温蔬菜,其节能效果居世界领先水平;蔬菜集约化育苗技术快速发展,年产商品苗达800多亿株以上。此外,蔬菜病虫害综合防治、无土栽培、节水灌溉等技术也取得明显进步。

(6) 市场流通体系不断完善

自1984年山东寿光建立全国第一家蔬菜批发市场以来,蔬菜市场建设得到快速发展,经营蔬菜的农产品批发市场已达3 000余家。我国蔬菜产业多头生产对多头流通的大流通格局已经形成,而且出现了多种流通主体、流通形式交叉并存的现象,在保障市场供应、促进农民增收、引导生产发展等方面发挥了积极作用。据不完全统计,70%的蔬菜经批发市场销售,在零售环节经农贸市场销售的占80%,在大中城市经超市销售的占15%,并保持快速发展势头。

1.1.2 蔬菜产业发展面临的问题

目前,蔬菜生产呈现数量充足、品种丰富、供应均衡、质量安全的良好发展局面。但在新的形势下,发展生产、保障供应还面临不少新问题,任务越来越重,主要表现在以下4个方面:

一是蔬菜价格波动加剧。① 受成本增加等因素影响,蔬菜价格涨幅呈加大趋势。② 受极端天气等因素影响,年际间蔬菜价格波动加大。③ 受信息不对称影响,时常发生不同区域同一种蔬菜价格“贵贱两重天”的情况。④ 受市场环境等多种因素影响,品种间蔬菜价格差距拉大。

二是质量安全隐患仍然突出。我国蔬菜质量总体是安全的、食用是放心的,但局部地区、个别品种农药残留超标问题时有发生。2010年豇豆、韭菜农药残留超标等质量安全问题,曾一度引发消费恐慌,给当地蔬菜生产造成重大损失。杀虫灯、防虫网、黏虫色板、膜下滴灌等生态栽培技术控制农药残留效果明显,但普及率较低;蔬菜标准体系初步建立,但标准化生产推进力度不大,生产采标率低,农药使用不够科学,容易引起农残超标;监管手段弱,监测与追溯体系不健全,产地环境、农药、化肥、地膜等投入品和产品质量等关键环节监管不足,蔬菜生产经营规模小、环节多、产业链长也加大了监管难度,致使部分农残超标蔬菜流入市场。

三是基础设施建设滞后。蔬菜基础设施脆弱,严重影响生产和流通发展,极易造成市场供应和价格波动。近些年,大量菜地由城郊向农区转移,农区新建菜地水利设施建设跟不上,排灌设施不足,致使露地蔬菜单产不稳;温室、大棚设施建设标准低、不规范,抗灾能力弱,容易受雨雪冰冻灾害影响;在蔬菜的生产、流通环节存在采摘后处理不及时,田头预冷、冷链设施不健全,贮运设施设备落后、运距拉长等问题,难以解决蔬菜新鲜易腐的问题;产销信息体系不完善,农民种菜带有一定的盲目性,造成部分蔬菜结构性、区域性、季节性过剩,损耗量大幅增加,给农民造成很大损失。根据有关部门测算,果蔬流通腐损率高达20% ~30%,每年损失1 000多亿元。

四是科技创新与转化能力不强。由于投入少、研究资源分散、力量薄弱等原因,蔬菜品种研发、技术创新与成果转化能力不强,难以适应生产发展的需要。育种基础研究薄弱,蔬菜种质资源搜集、整理、评价及育种方法、技术等基础研究不够;育种目标与生产需求对接不够紧密,在商品品质、复合抗病性、抗逆性等方面的育种水平与国外差距较大,难以适应设施栽培、加工出口、长途贩运蔬菜快速发展的需要;育种成果转化机制不灵活,科研单位与企业衔接合作不够密切,制约了成果的推广应用。与此同时,良种良法不配套,栽培技术创新不够、储备不足,基层蔬菜技术推广服务人才短缺、手段落后、经费不足,技术进村入户难,生产中存在的问题越来越突出。如蔬菜病虫害发生面积越来越大、危害越来越重;过量施用化肥,有机肥施用不足,加上连作引起的土壤盐渍化、酸化不断加重,影响蔬菜产业的持续发展;农村青壮年劳动力大量转移,劳动成本大幅上涨,轻简化栽培、机械化生产技术集成创新亟待加强。

1.2 我国蔬菜生产机械化面临的机遇和挑战

1.2.1 机械化是我国蔬菜产业转型升级的迫切需求

当前我国蔬菜供求总量基本平衡,但是在需求刚性增长、城郊基地不断减少、高素质劳动力不断减少的三重压力之下,保障蔬菜生产数量、质量安全、价格稳定的难度越来越大。在当前我国农业已进入高投入、高成本阶段的大背景下,用工难、用工贵的问题在蔬菜生产中越发突显。蔬菜生产历来就是劳动密集型产业,使用人工和手工劳动的特点相比粮食作物更为突出。近十多年来,我国蔬菜生产成本年均涨幅在10%以上,特别是人工费用上涨最快,年均涨幅达18%。2012年人工成本已占到蔬菜生产总成本的59%。据典型调查,一些蔬菜基地雇佣的劳动力中男性60岁以上、女性55岁以上的占80%以上。随着我国城镇化进程的加快和农村富余劳动力向非农产业的转移,劳动力成本不断增大将成为蔬菜生产发展的主要制约因素,也将成为实行机械化的直接推动力。

因此,加快蔬菜生产机械化是当前蔬菜产业转型升级的一项紧迫任务,具有重要的战略意义:

第一,是蔬菜产业实施科学发展的需要。目前我国蔬菜种植面积已达到3亿多亩,根据我国耕地资源紧缺的国情,今后蔬菜生产发展主要不是靠扩大面积,而是坚定不移地走科学发展的道路,开发优良品种、提高栽培技术和实行机械化,因此机械化将成为促进蔬菜产业内涵式发展、保证生产稳定增长满足市场需求的主要支撑之一。

第二,是蔬菜生产节本增效的需要。机械化可以大幅度减少人工劳动,缓解用工难、用工贵的状况,降低生产的人工成本,提高劳动生产效率;可以大幅度提高生产的技术水平,提高整地、播种、管理、收获等环节的效率和质量,从而极大地提高蔬菜产品的产量和质量,增加经济效益和农民收入。

第三,是蔬菜行业发展现代农业的需要。蔬菜生产要实现标准化、集约化、专业化生产,机械化是必不可少的保证。机械化将与新科技的开发应用互为条件、相互促进,今后许多新技术靠人工无法达到,则要靠机械来实现,通过科技来进一步提高土地产出率和资源利用率,不断提高农业现代化水平。

1.2.2 蔬菜生产机械化面临的问题和挑战

虽然我国的蔬菜生产机械化将面临良好的发展机遇,但我们也应清醒地看到,因为基础差、起步晚,加上蔬菜生产的特殊性所带来的农机作业环节多、要求高等因素的影响,当前我国蔬菜生产机械化的水平仍很低,与产业地位极不相称,与产业需求极不相符。我国蔬菜生产机械化进程中面临的问题和挑战可概括为以下几个方面:

(1) 蔬菜农艺复杂,农机研制难

我国蔬菜生产种类多、栽培方式多、立地类型多、作业要求高,相比大宗粮食作物,蔬菜生产机械的研发和推广更为复杂和困难。我国常年生产的蔬菜有 14 大类 150 多种,茬口多,一般北方年生产 2 ~3 茬,南方年生产 3 ~4 茬。地区间种植方式差异大,农艺要求复杂。例如,不同种类、不同地区的种植行距和株距都不尽相同;同一种类也有多种栽培方式,如西兰花种植就有露地和保护地、宽垄和窄垄、高垄和低垄、覆膜和不覆膜等;根、茎、叶、花、果五类的收获对机械的要求截然不同;此外还有间作套种等都给机械作业带来了困难。

(2) 蔬菜种植规模小,农机作业难

据统计,我国从事蔬菜生产的农户达 5 000 多万户,其中 75% 的菜农生产规模小于 0.5 亩,22.6% 介于 0.5 ~5 亩,仅 1.4% 的菜农生产规模 >5 亩,田块小不利于机械作业。近年来快速发展起来的设施园区,在设计上大多很少考虑机械化作业的需求,相当多的园区布局和大棚设施空间小、不标准,普遍存在作业机械“路难走、门难进、边难耕、头难掉”的现象,不利于机械化作业的展开。以蔬菜设施水平较先进的无锡市惠山区(2013 年)为例,1.5 万亩钢架塑料大棚中,跨度 8 m 或 8 m 以上的仅有 0.32 万亩(占比 21.3%),而 6 m 或 6 m 以下的大棚有 1.18 万亩(占比 78.7%)。

(3) 农艺、农机脱节,农机配套难

蔬菜种植的环节多,机械化生产要求各环节间应有机衔接。但由于对蔬菜种植农艺与机械化生产方式的系统性研究不够,造成农艺与农机之间、种植环节之间、机具研发单位之间都明显脱节,农艺与农机不能衔接,机具之间无法配套,蔬菜生产机械化进展缓慢。以蔬菜移栽为例,除了移栽机械本身性能要满足可靠性外,育苗、整地质量还需达到相应要求,才能使蔬菜移栽机械正常工作。

(4) 装备技术储备少,用户选购难

长期以来,蔬菜生产机械化尚未得到足够重视,相关的研发投入少、装备不完善,在蔬菜生产专用动力平台、高速移栽、机械收获等关键技术方面还未取得突破,在育苗、整地、田间管理等环节专用机械少,机械不配套、效率低、作业质量差的问题也非常突出,技术储备明显不足。从生产供应和购机应用的角度来看,由于蔬菜生产环节多、机具品种多、使用时间短等因素的影响,使蔬菜机械生产和使用成本都比较高,装备企业生产机械和蔬菜生产者购置机械的积极性都受到影响,形成了目前产业有需求但市场适用机具少的尴尬局面。

1.3 国内外蔬菜生产机械化发展概况

1.3.1 国外先进地区蔬菜生产机械化的发展

蔬菜生产是典型的精耕细作方式,其生产过程包括耕整地、直播、育苗、移栽、田间管理和收获等。经济发达国家的蔬菜生产从耕整地到收获,大部分已实现了机械化。据统计,美国在耕整地和播种环节机械化率基本达到 100%,80% 以上蔬菜采用机械化育苗,西红柿、黄瓜、芹菜、菜花等蔬菜已实现了机械化移栽,以沟灌和喷滴灌为主的田间管理环节也已基本实现了机械化,除部分果菜和叶菜类蔬菜的收获尚需依靠人工外,其他蔬菜都已实现了机械化收获。日本在 19 世纪后期遇到了农业劳动力高龄化、后继者日益不足等问题,因此蔬菜生产采取扩大经营面积,进行规模化、机械化种植等措施,目前除了生食用黄瓜、西红柿、茄子和草莓等果类蔬菜的收获还需采摘外,其余环节已基本实现机械化,并向高性能、低油耗、自动化和智能化方向发展。

总之,纵观国外蔬菜生产机械化具先进水平的地区,其特点可以概括为:区域种植专业化、农艺制度标准化、棚室设施大型化、动力平台专用化、作业机具多样化、生产全程机械化。

① 区域种植专业化。以美国、加拿大、澳大利亚为代表,不仅蔬菜种类比较少,而且蔬菜生产也呈现明显的区域性特征,种植品种相对单一,种植规模大,因而比较容易实现机械化。

② 农艺制度标准化。以日本为例,农林水产省在 20 世纪 90 年代推动了卷心菜、白菜、莴苣等 11 种蔬菜的标准化栽培模式的形成并普及推广。其核心是垄距

的系列化,垄距的范围是45～120 cm,是15 cm的倍数,其中以90 cm和120 cm居多,便于规范作业机械的轮距,方便各作业环节装备的配套。

③ 棚室设施大型化。以荷兰为代表,蔬菜种植设施呈现大型化的趋势。设施结构不仅又高、又大、又宽,而且在布局设计上也充分考虑大型机械的作业特点和要求,尽量减少因机具频繁调头、转向而带来的作业效率降低的问题。

④ 动力平台专用化。为了适应在垄间、设施内蔬菜耕、种、管、收作业的需要,国外开发了一些专门用于蔬菜生产的动力平台,如通过性更好、转向更灵活的低地隙履带式拖拉机,排放更环保、功能更多样的电动拖拉机等。

⑤ 作业机具多样化。仅以苗床整备环节为例,国外不仅有形式多样、功能各异的土壤疏松、土表整平机具,还有垄形标准化、幅宽系列化的起垄整形机具,为后续蔬菜机械种植提供了良好的苗床条件。

⑥ 生产全程机械化。国外先进地区的蔬菜生产,无论是露地还是设施,除少数蔬菜种类的收获环节外,其他多数蔬菜的耕、种、管、收,乃至后续的产后预处理、加工环节都实现了机械化作业,并且已向自动化、智能化、信息化方向发展。

1.3.2 我国蔬菜生产机械化的发展

(1) 蔬菜生产综合机械化水平分析

目前我国还未建立起蔬菜生产综合机械化水平的完整评价体系,所以对我国当前蔬菜生产机械化的发展水平只能是一个大致的评估和分析。不过,农业部农机化司在2013年年底发布了"设施农业机械化水平评价指标体系"(试行),该指标体系规定了设施农业中设施种植(蔬菜、花卉、食用菌、果树、育苗等)的机械化水平评价方法,统计数据的范围限于塑料大棚、日光温室、连栋温室。依据这个评价体系,2014年年底的统计数据表明(见表1-3),目前包括设施蔬菜在内的我国设施种植业综合机械化水平为30.18%。考虑到设施花卉、食用菌生产机械化的水平要高于蔬菜,所以如果单就设施蔬菜而言,其机械化水平估计在25%左右。如果考虑到占总量70%的露地蔬菜生产机械化水平还要略低于设施蔬菜的情况,那么全国蔬菜生产综合机械化水平据估计应在20%左右。而同期我国小麦、水稻、玉米的综合机械化水平分别为93%、73%、78%,如图1-1所示。因此,当前我国蔬菜生产机械化的水平还很低,处于起步阶段。

表1-3 2014年全国设施种植机械化水平统计

项目	机械化水平/%
耕整地	70.90
种植	11.73

续表

项目	机械化水平/%
采运	5.87
灌溉施肥	49.49
环境调控	25.10
综合机械化	30.18

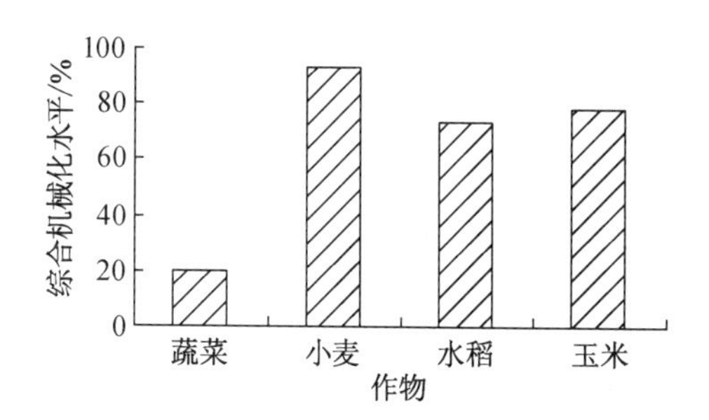

注:蔬菜数据来源于作者评估,其他数据来源于《中国农业机械化年鉴》。

图1-1 我国不同作物生产综合机械化水平对比

(2)蔬菜主要生产环节机械应用状况概述

东北和西北地区因农机化基础较好,蔬菜生产中耕整地和植保机械化水平较高,栽植、灌溉和收获的机械化水平较低。由于规模化程度较高,劳动力缺乏,该地区对蔬菜栽植和收获机械化的需求相对迫切。西北地区以新疆为例,加工用番茄、辣椒的耕、种、管、收全程机械化水平比较高。鲜食蔬菜生产环节除耕整地外,栽植、植保、收获的机械化水平较低。

华北地区以山东为代表,设施蔬菜发展较好,穴盘育苗比较普及,工厂化育苗具备一定规模;耕整地多使用小型和微型耕作机具;灌溉方式也比较先进,滴管、微灌方式有一定的比例;栽植和收获环节仍然以人工作业为主。

长江中下游地区是蔬菜机械化发展较好的地区,以江苏为代表,蔬菜耕整地机械水平较高,植保机械多数使用电动式或燃油驱动机械,微灌、滴管等设施应用较多。机械化栽植已经开始在苏南等地区示范推广。收获方面,块根类蔬菜有部分使用机械化收获,而茄果和叶菜类蔬菜的收获主要还是依靠人工。

华南地区和丘陵山区由于受地形或经济条件的影响,蔬菜机械化发展相对比较落后。在平原地区,机械化作业主要存在于耕整地和植保环节,栽植和收获同样基本依赖人工。在丘陵山地,除植保环节一定程度使用机械外,种植基本依赖于人工,机械化水平非常低。

第 2 章　蔬菜耕整地机械化技术与装备

2.1　蔬菜耕整地机械化技术现状及发展趋势

2.1.1　蔬菜耕整技术简介

蔬菜生产作业包括耕地、整地、播种、栽植、田间管理、收获、田间运输、加工、储藏等环节。有些作业环节只需应用一次,有些则需要多次处理,且处理的方式也因作物对象的习性而有所不同。在这些作业中,不同的作物因耕作制度上的差异,作业方式也不同。在选择不同耕作制度和作业机具时,应考虑到作业习惯、生产成本、劳动力的使用和农产品的品质与产量,进行综合评价和衡量。

耕作是传统农耕的一项重要措施,有利于疏松土壤,恢复团粒结构,积蓄水分、养分,覆盖杂草、肥料,防除病虫害。整地是耕地作业后,耕层内还留有较大土块或空隙,地表不平整不利于播种或苗床状况不好时,采取的破碎土块,平整地表,进一步松土,混合土肥,改善播种和种子发芽条件的耕作措施。深松作为现代土壤耕作的一项重要技术,在国内外受到重视。蔬菜耕整地机械分单项作业机具和复式作业机具,单项作业机具有铧式犁、翻转犁、深松机、旋耕机和圆盘耙等;复式作业机具有旋耕起垄机、旋耕起垄覆膜机和旋耕精整作业机等。

蔬菜耕整地作业包括深耕、碎土、起垄(整形)、开沟(作畦)、施肥、覆膜等环节,其作业质量要求远比一般粮食作物要高,不仅要保持合理的耕层土壤结构,而且要垄平沟直,为后续直播、移栽、田间管理和收获的机械化作业做准备。耕整地的标准化、规范化是蔬菜生产全程机械化的基础。

2.1.2　国内外蔬菜耕整地机械化技术现状及发展趋势

欧美发达国家在蔬菜生产机具领域研究起步早,技术较为成熟。以意大利为代表,意大利 Hortech 公司目前生产了 AF SUPER 和 AI MAXI 两个系列的蔬菜整地机具,其中 AF SUPER 系列适合于中等质地及轻质土壤,AI MAXI 系列适用于重土壤或者表面有石块土壤,该机型即使在土壤表面有石粒或者作物残茬的情况下也能达到精细化作业水平,实现苗床培育及幼苗移植所需松软、无残茬遗留的土壤条件。意大利 Roteriatalia 公司 2010 年生产 FORIGO 牌蔬菜作畦机,法国农天利生产的F－D35系列整理机，都采用两个刀轴对土壤做预处理，前者松土到20～25 cm，后者打碎地表面土块、平整及镇压土壤表面层，处理后的土壤用于种植蔬菜，效果非常理想。

20世纪80年代末期，日本、韩国相继研究开发了一系列蔬菜作业专用机型。如小型菜园和棚室用旋耕起垄一次成型机，露地用旋耕、起垄、土壤消毒、施肥、覆膜多功能复式作业机和有机肥撒布机等。目前，日本蔬菜机械化生产在往降低能耗、提高作业精度和可持续性生产方向发展，例如，已研发基于GPS信息系统的变量施肥机。

在我国蔬菜栽培生产中，耕整地相对其他作业环节来说，其机械化水平较高，但作业效率和作业质量（如平整度、细碎度）与国外的先进水平相比，还存在着一定的差距，这直接制约了蔬菜机械移栽和收获技术的应用。我国现有的露地栽培蔬菜耕整地作业装备大多借用大田用的大马力拖拉机配套作业机具，拖拉机动力一般为36.7～58.8 kW，作业机具以犁、耙和旋耕机为主，功能单一，作业质量不高；而设施大棚内大多采用微耕机（田园管理机）或手扶拖拉机配套作业机具进行耕整地作业，存在动力偏小、作业功能少、作业质量差、作业效率低等问题。复式作业机具如旋耕起垄施肥机，在我国大田主要农作物栽培作业中运用较多，但起垄高度一般为10～15 cm，不能满足有些蔬菜的高起垄要求；而且旋耕起垄一般采用双轴作业，整机体积大、结构复杂，不适合小田块蔬菜和设施蔬菜的栽培作业。

近年来，国内一些单位在借鉴意大利、法国蔬菜作畦机技术的基础上，研发了双轴式菜田精整地机，可以完成旋耕、作畦（起垄）功能，畦面平整度、土壤紧实度都有明显提升，在生产中受到欢迎。今后，该类机具应在提高黏重土壤作业适应性、垄沟清沟技术、机具系列化方面进一步完善。

总的来说，我国蔬菜耕整地机械化的发展方向主要表现为以下几个方面：

① 垄距系列化。我国蔬菜作物种类繁多，种植农艺要求复杂，蔬菜种植的垄型结构也千差万别，尤其是垄距尺寸（见图2-1）杂乱无规律，不利于耕整地以后的播种、移栽、管理、收获各环节机具配套，因此垄距的规范化、系列化尤为必要。

② 土壤深耕化。要求疏松土壤，打破犁底层，增加水的渗入速度和数量，蓄水保墒，使耕作效果更加适应农艺要求。

③ 耕作精细化。土壤要细碎，垄沟要齐直，垄形要平整，特别是机械移栽对耕整地的质量要求更高。

④ 作业复式化。农机具一次作业项目的多少，是衡量农业机械是否有效合理利用，效能是否得到最大限度发挥的重要标志。通常，蔬菜整地作业除了完成旋耕、起垄外，还有施肥、铺管、覆膜等要求，应通过合理组配，尽量提高机具复式作业性能。

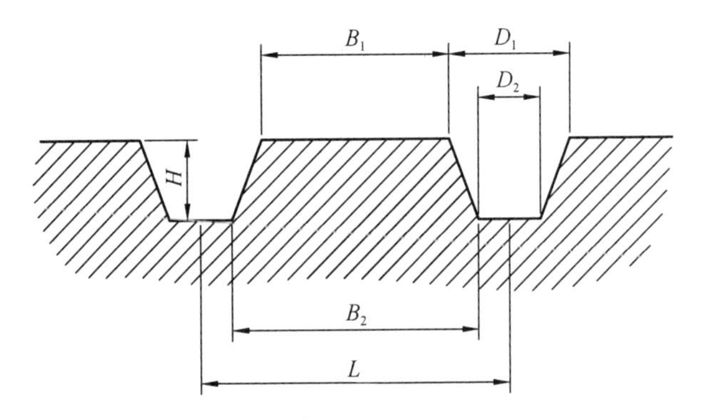

L—垄距(沟距);H—垄高;B_1—垄顶宽;B_2—垄底宽;D_1—沟顶宽;D_2—沟底宽

图 2-1 垄型结构

⑤ 操作舒适化。配套动力驾驶方便舒适、转向轻便。同时动力增大,其配套机具范围广,为复式作业提供可能,而且作业效果好,生产效率高。

⑥ 作业自动化。采用3S技术进行自动导航无人驾驶、耕深自动控制等。

2.2 蔬菜耕整地环节的农艺要求

在蔬菜耕整地作业环节中,包括平整土地、土壤耕作(犁耕、旋耕)、整地(耙平、起垄、开沟)、铺膜等环节。其中,起垄、开沟(或作畦)是最主要的环节,其作业质量关系后期蔬菜播种、移栽和田间管理等机械的作业质量。目前用于蔬菜起垄、开沟(或作畦)的作业机具有开沟机、起垄机和蔬菜联合整地机等,通过松土、垅土、成型和镇压等过程,使土垄形成预定形状,符合蔬菜栽植要求。

2.2.1 蔬菜整地特点及工序

我国蔬菜作物种类较多,农艺要求千差万别,导致蔬菜垄型结构多种多样。蔬菜生产的整地环节目前以精细化作业为主,对土壤的碎土率、耕深稳定性、垄体表面平整度和直线度等作业指标都提出了较高的要求。

蔬菜起垄主要工序为:起垄前整地—精细旋耕—起垄—镇压。其中在整地环节根据种植蔬菜品种的耕深农艺要求需辅以深松作业,精细旋耕主要包括粗旋和细旋两个过程。粗旋由弯刀完成,细旋由直刀完成,精细旋耕一般通过复式联合作业机一次作业实现,也可通过普通旋耕机多次作业实现,可由土壤物理特性和含水率决定作业方法。针对难以破碎的黏性土壤,复式联合作业机的作业效果更好,且具有省时省力的优势。

2.2.2　蔬菜起垄作业技术要求

标准化、高质量的整地起垄是实现蔬菜生产全程机械化的基础，不仅有利于各作业环节间的机具衔接配套，也有利于提高后续作业效率。蔬菜生产对整地起垄的总体要求可总结为：浅层碎、深层粗、耕要深、垄要平、沟要宽。

① 起垄前的深耕整地。蔬菜起垄前一般要进行深耕整地处理，保证土壤耕层深厚，一般采用铧式犁、深松机等进行作业。整地的主要目的是细碎土壤、减少起垄时的阻力、提高土壤紧实度和起垄质量、改善土壤物理及生物特性，创造适应蔬菜作物生长的良好土壤环境。

② 起垄机械的选择。根据土壤特性、蔬菜作物的农艺要求和动力匹配等因素选择合理的起垄机械。起垄机具进地前应根据不同的蔬菜作物调整好起垄垄距和垄高。对于栽植深度要求较高的蔬菜品种可选择开沟机，后期再进行二次修整起垄。

③ 作业质量要求。我国目前尚未制定蔬菜起垄规范和起垄机作业质量标准，行业内只对复式联合作业机具提出了具体的指标要求，包括旋耕、起垄、镇压等环节。蔬菜起垄时耕地含水量为 15% ~25% 作业效果最佳，旋耕深度合格率要求在 85% 以上，垄高合格率达到 80% 以上，碎土率最低要求达到 50% 以上，耕后的地表平整度误差小于 5 cm，垄体直线度误差小于 5 cm。蔬菜垄型结构多样，根据垄高和垄顶宽的要求，垄侧坡度一般在 50° ~70°之间。具体的垄高要求由蔬菜作物的农艺要求决定，起垄方向要因地制宜。从蔬菜生长的角度来看，垄向一般以南北方向较好。从机械作业的角度来看，土垄要尽可能长，以减少机具掉头的次数，提高作业效率。

2.3　蔬菜耕整地机械

2.3.1　激光平地机

(1) 激光平地机原理

新建的农场在蔬菜种植前，需要进行土地平整，以便于机械化种植和田间管理。土地平整过去一直采用常规方法，利用平地机和铲运机等机械进行作业，这只能达到粗平。为了进一步提高土地的平整精度，可以利用激光技术高精度平整农田。

激光平地机由激光发射器、激光接管器、控制箱、液压调节器平地铲等组成，其结构如图 2-2 所示。在进行平地作业时，激光发射器发射出能 360°旋转的光束形成激光扫平面作为系统作业的基准面。控制器根据操作人员设定的激光接收器的高度相对基准面的高差为控制量进行平地控制。高差信息进行处理后发送电信号控制液压控制阀自动控制刮土铲的高度,使之保持定位的标高平面。

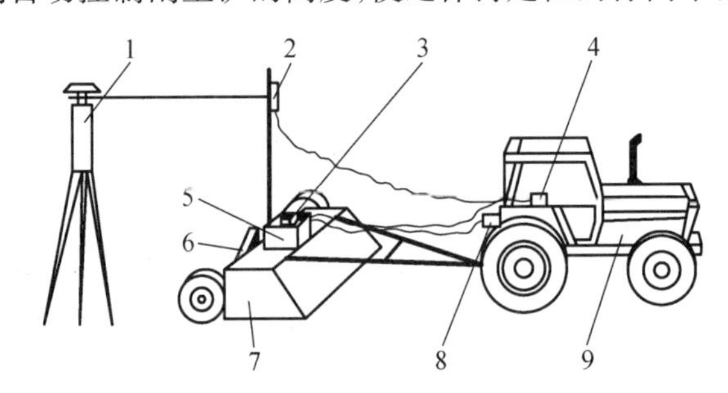

1—激光发射器;2—接收器;3—液压调节器;4—控制箱;5—油箱;
6—液压缸;7—平地铲;8—齿轮泵;9—拖拉机

图 2-2　激光平地机结构

(2) 激光平地机组成

① 激光发射器

激光发射器固定在三脚架上。激光发射器内发射出一激光基准平面,转速为300~600 r/min,有效光束半径为300~450 m。机械部分安装在一个万向接头系统上,因而光束平面能按照预定的坡度倾斜。

② 激光接收器

激光接收器固定安装在平地铲的伸缩杆上,用电缆与控制箱连接。接收到发射器发出的光束后,将光信号转成电信号,并通过电缆送给控制箱。

③ 控制箱

控制箱接收车载激光接收器信号进行计算分析,向电磁液压阀发出指令。

④ 液压调节器

液压调节器的液压阀安装在拖拉机上,并与拖拉机液压系统连接。在处于自控状态时,经控制箱转换修正后的电信号启动电磁阀,变动液压控制阀的位置,改变液压油的流量和流向,通过油缸柱塞的伸缩控制平地铲升降。

(3) 激光平地机作业

① 架设发射器

首先根据需刮平的场地大小确定激光器的位置,一般激光器大致放在场地中间位置。激光器位置确定后,将它安装在三脚架上并调平。激光的标高应处在拖拉机最高点上方0.5~1 m处,避免遮挡激光束。

② 平地作业

以铲刃初始作业位置为基准,调整激光接收器伸缩杆的高度,使激光发射器发出的激光束与接收器相吻合。即在红、黄、绿显示灯的中间绿灯闪亮为止。然后,将控制开关置于自动位置,就可以启动拖拉机平地机组开始平整作业。典型的激光平地机作业图,如图 2-3 所示。

图 2-3　激光平地机作业图

2.3.2　铧式犁

(1) 铧式犁的特点及分类

① 铧式犁的特点

铧式犁最大的优点是能够把地表的作物残茬、秸秆、肥料及杂草和虫卵等翻埋到耕层内,耕后地表干净,有利于提高播种质量,减少杂草和虫害的发生。铧式犁的缺点是耕地时始终向右侧翻土导致翻耕后的地表留有墒沟和垄背,耕后地表土壤还需整地、平地等作业才能达到播种要求。

② 铧式犁的分类

铧式犁按照与拖拉机连接方式的不同,可分为悬挂犁、牵引犁、半悬挂犁和直联式犁。使用最为广泛的是悬挂犁。

悬挂犁的结构简单、重量轻、机动性好,可在小地块作业,但入土性能差,多与中小功率的拖拉机配套,与拖拉机三点挂接;牵引犁的结构复杂、重量大、机动性差,但工作深度稳定,入土性能好,多与大型拖拉机配套,与拖拉机单点挂接;半悬挂犁兼有牵引犁和悬挂犁两者的特点;直联式犁主要与手扶拖拉机或微耕机配套。

(2) 铧式犁的基本结构

由于土壤条件、耕作条件不同,各地所使用的铧式犁构造不完全一样,但其基本结构是相同的,如图 2-4 所示。

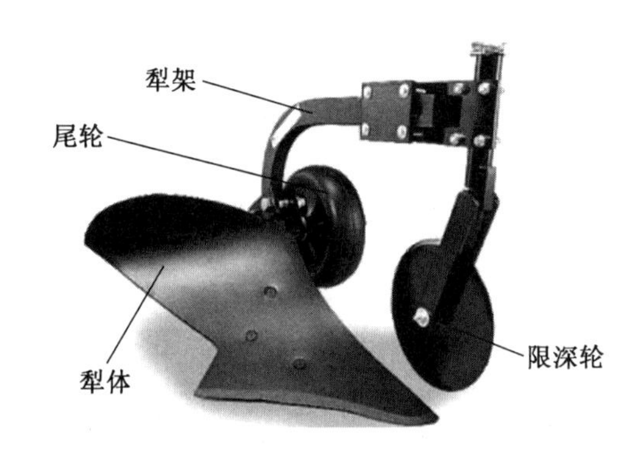

图 2-4 铧式犁结构图

主犁体是铧式犁的主要工作部件，主犁体由犁铲、犁壁、犁侧板、犁托和犁柱等组成。铧式犁犁体幅宽与耕深大小有固定的关系（见表 2-1）。

表 2-1 犁体幅宽与耕深

犁体幅宽/cm	最大耕深/cm
20	18
25	22
25	26
35	30
40	33
45	37
50	40

2.3.3 双向犁

（1）双向犁的类型

普通铧式犁只能单向翻垡，作业时往往在中间留下一道深沟，不能正常播种。如果在犁架上装上两组犁体或犁体上采用双向犁壁，通过翻转机构，实现自动换向，能使垡片向左向右交替翻转，这就是通称的双向犁（翻转犁）。其优点是机组在往返行程中，土垡均向一侧翻转，耕地后地表平整，没有普通铧式犁耕地形成的沟和埂；耕斜坡地沿等高线向坡下翻土，可减少小坡度；耕地时由地块这一边开始，直到地块另一边，不必地中开墒；地头转弯空行少，工作效率高。因此，翻转犁得到广泛应用。

双向犁按翻转形式可分为全翻转式、半翻转式和水平摆式 3 种类型。比较常用的是全翻转式双向犁，如图 2-5 所示。

全翻转式指两组犁体呈 180°转角相对配置，换向时犁体旋转四分之一周；半翻转式指两组犁体呈小于四分之一周配置，换向时犁体旋转四分之一周；水平摆式双向犁是由单组水平摆式犁铧配置而成，工作时，通过换向机构分别对各单个犁体进行换向。

图 2-5　双向犁

(2) 双向犁的基本构造

① 全翻转式双向犁

全翻转式双向犁由犁体、犁架、悬挂架、操纵杆、限位螺钉、摆动杆、钩子、钩舌、拉杆、定位卡板、定位卡销和限深轮等组成。

② 水平旋转(摆式)双向犁

水平旋转(摆式)双向犁一般由犁体、犁架、悬挂架、换向机构、犁梁和犁体换向拨杆等组成。

③ 单铧半翻转双向犁

单铧半翻转双向犁一般由犁体、纵主梁、横梁、悬挂销、月牙板、梯形调节板、斜撑杆、换向手柄、立柱和限深轮等组成。

2.3.4　旋耕机

(1) 旋耕机的类型

旋耕机有多种不同的分类方法，按刀轴的位置可分为卧式、立式和斜置式。目前，卧式旋耕机的使用较为普遍，如图 2-6 所示。

旋耕机按照传动形式分为中间传动和侧边传动 2 种。中间传动系统由万向节传动轴和中间传动箱组成；侧边传动系统由万向节传动轴、中间传动箱和侧边传动箱组成。侧边传动又有齿轮传动和链轮传动 2 种，侧边传动箱采用链传动时，加工要求较低，不但可靠性较差，而且使用寿命短，链条断后会增加维修费用。当采用中间传动时,传动箱的下部会造成漏耕,影响作业质量,为了解决这个问题,在传动箱的下部固定了一个松土铲,即小型铧式犁,或者在传动箱的旁边装2把特殊的弯刀。为了适应不同的土壤条件及拖拉机动力输出轴转速,有的旋耕机的传动箱配有速比不同的齿轮,以得到不同的刀辊转速。

旋耕机与拖拉机的挂接有三点悬挂、直接连接和牵引3种形式,我国目前采用前2种连接方式。三点悬挂式旋耕机的悬挂及升降与铧式犁相同,由拖拉机动力输出轴驱动,通过万向节传动轴,经传动箱减速后带动刀轴工作。直接连接式旋耕机主要用于与手扶拖拉机配套,一般是将手扶拖拉机的变速箱后盖取下来,然后将旋耕机减速箱和拖拉机变速箱用螺栓联接在一起,动力由拖拉机变速箱里的齿轮直接传给旋耕机的齿轮,以驱动旋耕机运转。

图2-6　卧式旋耕机

(2) 旋耕机主要参数选择

① 刀辊转向及转速

卧式旋耕机刀辊的转向有正转和反转2种,目前,使用较多的是正转旋耕机。正转时刀片强制切碎土块,并将土块向后抛掷,土块与机罩及拖板相撞后,进一步破碎,碎土充分,但功耗较大,在耕深增加时,影响耕深的稳定性。刀辊反转则有利于降低切土能耗和提高碎土效果,覆盖埋青能力强,但易导致已耕土块堆积,造成刀辊的重复切削,增大了不必要的负荷和功耗。反转旋耕机作业时,罩壳粘土比较严重,在土壤湿度较大的情况下,不宜采用反转旋耕机。刀辊转速对旋耕机组的功耗影响较大,较理想的配置是低的刀辊转速和较高的前进速度。一般情况下,刀辊转速为180~260 r/min,目前,刀辊转速有降低的趋势。

② 切土节距

同一纵向平面内切土的旋耕刀,在其相继切土的时间间隔内,机组前进的距离称为切土节距。切土节距对碎土程度有较大的影响,一般为达到良好的碎土效果,可增加刀辊在一周内的刀片数量或增加旋耕速比,即降低机组前进速度。目前,在中等黏度的麦田地，切土节距为 10 cm。

③ 刀片及配置

刀片有弯刀、直角型刀（又称 L 型刀或宽刀）和凿型刀 3 种形式，如图 2-7 所示。弯刀的刃口由曲线构成，包括侧切刃和正切刃 2 个部分，可轻松地将草茎切断，且不易缠草，适合在多草的田里作业，是一种水旱通用的刀型。直角型刀的刃口由侧切刃和正切刃组成，切削方式和凿型刀相似，也易缠草，但刀身宽，刚性好，适合在土质较硬的干旱地上作业。直角型刀适合蔬菜耕整地作业，特别是在耕作黏壤土时，能够达到土壤细碎的目的。凿型刀正面有凿型刃口，入土能力强，但易缠草，一般适用于垦荒地和较疏松的田地。

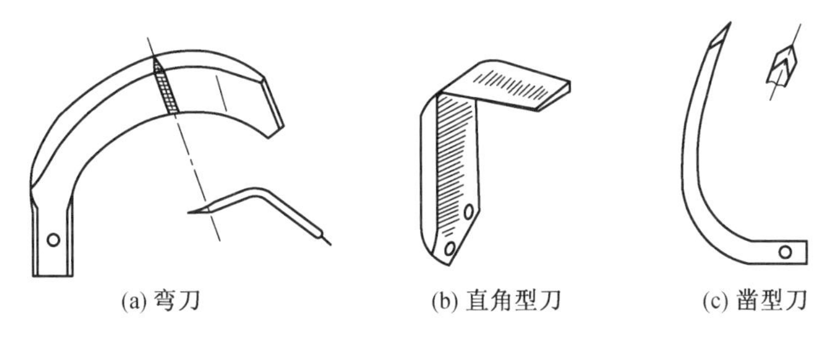

(a) 弯刀　(b) 直角型刀　(c) 凿型刀

图 2-7　刀片类型

刀片在刀轴上的排列是影响旋耕机耕作质量及功率消耗的重要因素之一，在安装时可根据不同的农艺要求配置。刀片的排列一般应满足下列要求：刀片尽量工作在少侧向约束条件下，并均匀入土，以减小对刀轴轴承的侧压力，减少旋耕刀对旋耕机重心的转矩，保证机器工作时的直线性，减少功耗，相邻刀片间沿圆周方向的间距应尽可能大，以防止刀间壅土。

为使刀片作业时，避免发生漏耕及堵塞的问题，刀片在刀轴上的排列（见图 2-8）应符合下面的需求：

① 同一回转平面内，若配置两把以上刀片时，应维持相等的进给量，以达到均匀碎土的效果，并维持沟底平整。

② 在刀轴回转一周的过程中，刀轴每回转一个相等角度时，在同一相位角须是一把刀入土，以维持工作稳定性和刀轴负荷平均。

③ 相继入土的刀片在刀轴上的轴向距离越大越好，以免发生堵塞。

④ 左弯和右弯的刀刃应尽量交错入土，使刀轴两端轴承受的侧压力平衡。

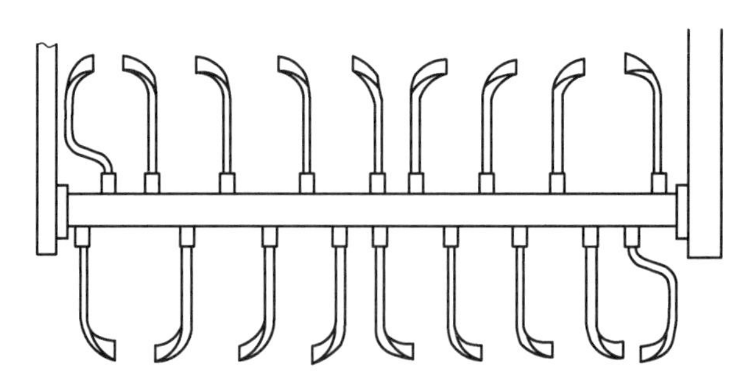

图 2-8　刀片在刀轴的排列

2.3.5　耙

(1) 耙的用途和分类

耙主要用于耕后或种植前的整地作业。犁耕之后,土壤的松碎、紧密和平整度不能满足播种或栽植要求,需要进行整地,为农作物发芽和生长创造良好的条件。

最常用的整地机有圆盘耙、驱动耙、水田耙、钉齿耙和镇压器。对于蔬菜种植来说,圆盘耙和驱动耙是比较适用的整地机具。

圆盘耙的应用十分广泛,它可用于耕后整地,收获后的浅耕灭茬、保墒,松土除草(用于果园)及飞机撒播后的盖种。

驱动耙碎土性能好,作业质量高,整地后的地表平整,土质松软,并有助于消灭早期害虫,特别是针对比较黏重土壤的整地,效果较好。

(2) 圆盘耙

圆盘耙一般由耙组、耙架、悬挂架和偏角调节机构组成。圆盘耙的耙组由几组装在轴上的圆盘所组成,其与前进的方向成某一角度,作业时安装两组或四组的圆盘可消除作用于曳引机的净侧向推力,如图 2-9 所示。圆盘与前进方向所成的角度越大时,所能搅动土壤的程度也越大,有时为适用于多草地,耙片的边缘常做成缺口的形状,以增加其切割能力,通常用来粉碎初次犁耕后的土块,而做成苗床。较大机型用液压来控制夹角,并有耕深调节。大部分的形式都附有重盘,可用来增加重量,以获得足够的土壤深度。

图 2-9　圆盘耙

比较大的圆盘组合系以四组圆盘构成,圆盘群有一可调节的角度,较大的角度对土壤耕翻效果较好,但需要较大的拉力。

（3）驱动耙

驱动耙是指利用拖拉机动力输出轴，通过万向节传动轴和传动系统，驱动工作部件进行旱田碎土整地作业的机具。按照工作部件的运动方式可分为滚筒型、旋转型和往复型。

滚筒型驱动耙多用于水田整地，适用水稻－蔬菜轮作区一次作业即可达到栽植前的整地要求。滚筒型驱动耙如图 2-10 所示。

图 2-10　滚筒型驱动耙

旋转型驱动耙的工作部件是一列带有两个指杆的立式转子头，工作时能形成均匀细碎的表层土壤，特别适合块根类作物的耕作。旋转型驱动耙如图 2-11 所示。

往复型驱动耙的典型结构是具有两根做横向往复运动的钉齿梁。与旋转型驱动耙的共同特点是能够保持土壤层结构，即在表土层留下风化的干土，有利于保持土壤的水分。

图 2-11　旋转型驱动耙

2.3.6 联合整地机

(1) 联合整地机应用现状

近些年,欧美发达国家在蔬菜生产机具领域也开展了研究,市场上已有相对成熟的产品出现,以意大利、法国为代表。意大利 Hortech 公司目前生产了两个型号的蔬菜整地机具,即 AF SUPER 蔬菜整地机与 AI MAXI 蔬菜整地机。AF SUPER 蔬菜整地机如图 2-12 所示,适合于中等质地及轻质土壤,作业时能达到很高的土壤细碎度。AI MAXI 蔬菜整地机如图 2-13 所示,适用于重土壤或者地表存在石粒、作物残茬的土壤。该机型即使在土壤表面有石粒或者作物残茬情况下,也能对蔬菜苗床培育及幼苗移栽创造良好的土壤条件,达到精细化水平,得到松软无残茬遗留的土壤表层。

我国蔬菜机械化作业技术开始较晚,又因我国特殊的蔬菜种植模式及地理条件,规模化、标准化的蔬菜机械化种植模式推进较慢,所以,目前我国蔬菜起垄技术及整个蔬菜产业生产水平与国外相比仍有不小差距。

虽然目前我国蔬菜在整地环节的机械化水平达到 80% 以上,但缺乏专门针对蔬菜的种植模式及农艺要求单独研发适用的机型,机具普遍存在起垄高度不够、耕深不稳定,垄体直线度误差大、垄沟余土多、垄体紧实度差和机具作业效率低等较为突出问题,机具功能单一、产品可靠性差,造成蔬菜机械化作业质量差,严重影响蔬菜生产产量和质量。

针对目前我国蔬菜生产耕整地现状,农业部南京农业机械化研究所、上海市农业机械研究所、盐城盐海拖拉机制造有限公司、黑龙江农业机械工程科学研究院和山东青州华龙机械科技有限公司开始研究和生产适合蔬菜种植的联合整地机,一次作业能够完成旋耕、起垄、施肥、覆膜等功能,具有作业质量好、机具适用性广、作业效率高等优点。

图 2-12 AF SUPER 蔬菜整地机

图 2-13 AI MAXI 蔬菜整地机

（2）联合整地机规格和性能

蔬菜联合整地机按一次起垄数量可分为单垄、双垄和多垄，其中设施蔬菜以单垄为主，双垄和多垄常见于露地蔬菜；按照挂接方式的不同可分为悬挂式整地机和自走式整地机（微型旋耕整地机）。

① 悬挂式联合整地机

悬挂式联合整地机以欧美等国的大农场所用作畦机为典型代表，意大利、法国等国家地广人稀，人均耕地面积大，主要考虑作业的高效性。此类产品体积较为庞大，采用三点悬挂装置挂接于大中型马力拖拉机。根据对土壤的作业次数又分为单刀辊和双刀辊两种结构，两者相比单刀辊结构配套动力相对需求小，更适合砂性土壤环境作业；双刀辊结构采用二次耕作土层的原理，精细耕作表层土壤，整理的畦质量更佳，同时也适合黏性土壤作业。

单刀辊式机具主要由机架、扶土器、传动机构、起垄板、压整盖板、尾轮等组成，部分还包含镇压辊及液压控制部件等，如图 2-14 所示。其工作原理为：采用地表土壤堆积培埂后起垄的原理，一般先通过深旋耕刀辊（或刀齿）深耕土壤，将土壤进行破碎并松散凸起于地表，形成足够的堆土量用起垄板培埂，然后用压整盖板或整形、镇压部件压整埂，实现所要求的畦结构。

图 2-14　单刀辊式联合整地机

双刀辊式机具在单刀辊的结构基础上再增加表层精细碎土辊装置，进行深耕环节后表土二次精细破碎，而后再起畦作业，其目的在于保证表层土壤达到蔬菜苗床整理的细碎度要求。双刀辊式机具主要由牵引架、机架、中央变速箱、左右两侧变速箱、旋耕轴、碎土辊、扶土盘、镇压器及镇压器高度调节装置等部件组成，如图 2-15 所示。在作业中，机具前端的扶土盘一方面对地块进行开沟切土，破坏土壤结构，以减小后续旋耕阻力，另一方面在旋耕部件工作时，将土壤往机具工作区汇集，使机具获得起垄足够的堆土量；旋耕刀进行深层土壤加工；带有碎土刀齿的碎土辊高速旋转,对土壤表层进行精细化碎土加工;在镇压器的镇压作用下,整理出平整的符合蔬菜整地农艺要求的垄型。

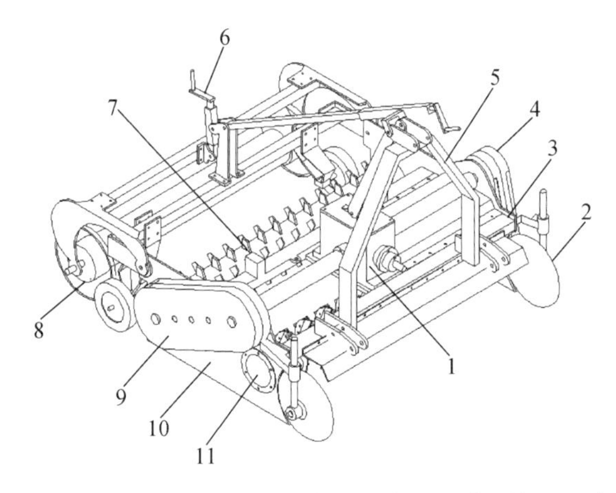

1—主变速箱;2—扶土盘;3—机架;4—左侧变速箱;5—牵引架;6—高度调节装置;
7—碎土辊;8—镇压辊;9—右侧变速箱;10—侧板;11—旋耕轴

图 2-15　双刀辊式机具整机简图

相关机型有:意大利 Hortech 公司、FORIGO 公司及 MASSANO 公司、CELLI 公司 ARES 系列机具,ORTIFLOR 公司 TSA 系列机具;法国 Simon 公司 Cultirateau 系列机具等;国内有山东青州华龙机械科技有限公司、黑龙江德沃科技开发有限公司生产的精整地机等。

还有一种旋耕起垄复式作业的联合整地机,其配套动力为中小型拖拉机。结构上采用同一刀轴进行旋耕起垄作业,采用起垄板进行垄型整形。通过更换起垄板,可以完成单垄和双垄的整理,如图 2-16 所示。同时,该机具在旋耕起垄作业的基础上,可以按照农艺要求,配套施肥和播种作业,增加作业功能,提高作业效率。

(a) 单垄整理

(b) 双垄整理

图 2-16　起垄型联合整地机

相关机型有:日本 HYANMAR 公司、盐城盐海拖拉机制造有限公司生产的多功能复式做业机等。

上述机具一般仅适合浅沟型畦场合,除此之外,国外还有利用开沟作畦原理研制的联合整地机,尤其适合深沟型畦作业场合。如图 2-17 所示,开沟型联合整地机一般先采用两侧的圆盘式开沟装置将土壤深旋,而后土壤被圆盘的旋转带动,通过离心力甩至畦的正中央,自然形成畦结构,部分机具为保证畦表面的平整度,在畦表面增加镇压板或镇压辊对表土镇压修平。

相关机型有意大利 COSMECO 公司研制的 B1、B10 及 B12 型;CUCCHI 公司研制的 AS2 型;英国 George Moate 公司研制的开沟型联合整地机等。

图 2-17　开沟型联合整地机

② 自走式联合整地机

针对日光温室和塑料大棚等作业空间有限的作业环境,日本、韩国等农业发达国家也研制出成熟的产品,日本、韩国等国作业田块小,人口相对集中,其研发的作畦装备结构较为紧凑轻盈,方便设施进出棚室,易操作,目前正在向降低能耗、提高作业精度和质量方面发展。如图 2-18 所示的自走式联合整地机,一般采用汽油机为动力,通过传动装置将动力传递至刀辊上,通常刀辊中间部位布置旋耕刀片,两端部位设有起垄刀片,通过刀辊的转动带动旋耕刀切削土壤,同时起垄刀将切出的土块甩至畦中间区域集中,而后利用起垄整形板镇压畦沟的侧边,完成畦的整理。

图 2-18　自走式联合整地机

相关机型有:日本井关公司研制的 MSE18C 型和 KK83F6 型作畦机;韩国璟田研制的 3ZL-5.9-1200 型作畦机及英国 Little Wonder 公司研制的 902 型作畦机等。

2.3.7　铺膜机

(1) 铺膜机工作原理

地膜覆盖栽培技术可以减少土壤水分蒸发、提高土壤保墒能力、提高地温、保证作物出苗率,同时还可以起到防病虫、防旱抗涝、改进地面光热条件的功效。在蔬菜种植过程中采用地膜覆盖技术可大幅度提高蔬菜的产量和品质。我国生产的覆膜机主要有两大类:单一型铺膜机和联合铺膜机。联合铺膜机是将单一型铺膜机的铺膜部件与旋耕起垄作业机或移栽机集成,形成联合复式作业。

铺膜机结构如图 2-19 所示。在工作过程中,膜卷首先通过锥体装卡在膜架上,然后将膜卷的自由端埋入地头的土壤中。随着机组的前进,在开沟铧在垄的两侧开出埋膜沟的同时,膜卷被抽拉而转动,连续将膜铺放在垄面上,机组前进的牵引力使地膜在纵向延伸并拉紧,膜两侧的边缘部分被配置在膜架后方左右两侧的压膜轮,紧压在垄侧壁的埋膜沟内,使地膜沿垄侧壁横向延伸,并绷紧在垄面上。配置压膜轮后的覆土圆盘起土压盖在地膜的两侧边缘上,达到固定封严地膜的作用,同时也完成了铺膜作业。

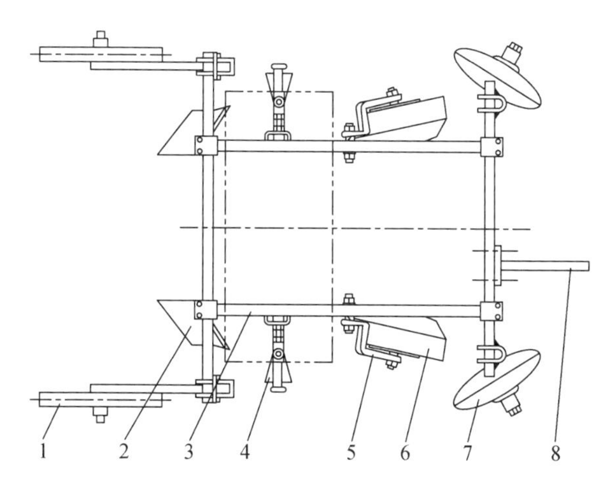

1—地轮组;2—起土铧焊合;3—机架组装;4—膜架装配;5—压膜轮架组合;
6—压膜轮组合;7—圆盘组合;8—手把焊合

图 2-19　铺膜机结构

(2) 主要工作部件

机架是铺膜机的主体,所有工作部件都与机架连接,为适应不同垄距和采光面宽度的要求,机架采用活动框架式,由两根横梁和两根顺梁组成,通过改变顺梁间距,满足不同垄距离的要求。

起土铧起开沟作用,为覆土、埋膜准备疏松的土壤。为适应不同规格地膜的要求,膜架采用可调式。一是根据垄台的高矮和膜辊直径的不同,膜辊架可上下调整;二是根据地膜的不同宽度,调节架可在管内横向串动。地轮起导向、支承和调节机架高度的作用。压膜架采用弹簧形式,起到压膜、展膜的作用。采用圆盘覆土形式,以提高机具的作业性能,间距可根据采光面宽度需要确定,角度可按要求的覆土量来调整。典型的铺膜机如图 2-20 所示。

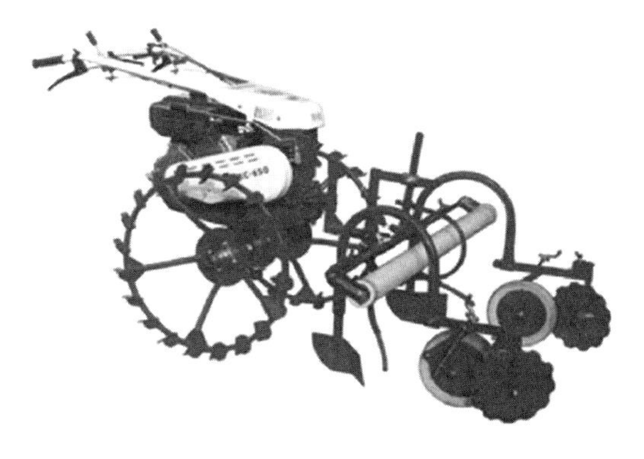

图 2-20　铺膜机

目前国内外部分厂家生产的设施蔬菜起垄设备的主要规格和性能参数见表 2-2。

表 2-2　国内外部分厂家生产的设施蔬菜起垄机械的主要规格和性能参数

厂家	型号	垄数	垄高/cm	垄距/cm	配套动力/kW	特点	实物照片
山东青州华龙机械科技有限公司	1ZKNP－125	1	15～20	70～125	44.1	可一次完成旋耕起垄镇压作业，且装有液压偏置装置，机具作业中可左右偏移最大偏移距离 30 cm	
黑龙江德沃科技开发有限公司	1DZ－180	1～2	10～20	90～180	58.8	整机采用前后双刀轴布置，提高了碎土率，增加了设备对不同农作物、不同区域种植农艺要求的适应性，主要适用于平原地区	
盐城盐海拖拉机制造有限公司	1GVF－125	1～2	15～25	35～65	29.4	采用旋耕起垄一体化刀轴，体积小巧，适合设施大棚内作业	
意大利 HORTECH 公司	PERFECTA－140	1	5～20	160	58.8	一次完成旋耕切土、精细碎土、精量施肥、镇压、平整、起垄定型等多项联合作业，主要适用于平原地区	
意大利 COSMECO 公司	单垄起垄机	1	15～30	100	58.8	主要适用于高垄种植的蔬菜作物、作业后垄沟余土少，直线度误差小	
日本 YANMAR 公司	单垄起垄机	1	10～20	80	22.1	旋耕刀轴采用中间传动，减小了机具尺寸，提高了机具田间适应性	

第 3 章　蔬菜播种机械化技术与装备

我国疆辽域阔，土壤气候多样，饮食习惯迥异，故各地种植的蔬菜品种也不同。目前我国生产基地逐步向优势区域集中，形成华南与西南热区冬春蔬菜、长江流域冬春蔬菜、黄土高原夏秋蔬菜、云贵高原夏秋蔬菜、北部高纬度夏秋蔬菜、黄淮海与环渤海设施蔬菜六大优势区域，呈现栽培品种互补、上市档期不同、区域协调发展的格局，有效缓解了淡季蔬菜供求矛盾，为保障全国蔬菜均衡供应发挥了重要作用。

目前全国普遍存在春、秋两个蔬菜供应淡季。在我国冬春可以进行露地蔬菜生产的地区分布在华南及长江上中游 2 个区域。设施蔬菜重点产区分布在北纬 32°～42°地区。黄淮海与环渤海地区为设施蔬菜重点产区大体分为 6 个区域，详见表 3-1。

表 3-1　我国蔬菜优势区域分布情况

区域	主要蔬菜品种	上市期	
华南与西南热区冬春蔬菜	豇豆、菜豆、丝瓜、苦瓜、西甜瓜、番茄 、辣椒、茄子	华南地区 12 月至翌年 3 月	西南地区 1～4 月
长江流域冬春蔬菜	结球甘蓝、花椰菜、莴笋、芹菜、芥菜、大白菜、萝卜 、普通白菜 、芥蓝、蒜苗	11 月至翌年 4 月	
黄土高原夏秋蔬菜	洋葱、萝卜、胡萝卜、花椰菜、大白菜、芹菜、莴笋、结球甘蓝、生菜、茄果类 、豆类、瓜类、西甜瓜	7～9 月	
云贵高原夏秋蔬菜	结球甘蓝、萝卜、大白菜、芹菜、胡萝卜、花椰菜、青花菜、生菜、辣椒、番茄、菜豆、西甜瓜	7～9 月	

续表

区域	主要蔬菜品种	上市期		
北部高纬度夏秋蔬菜	番茄、辣椒、黄瓜、菜豆、大白菜、洋葱	6~10月		
黄淮海与环渤海设施蔬菜	番茄、黄瓜、辣椒、茄子、菜豆、西葫芦、西甜瓜、结球甘蓝、芹菜、芦笋、韭菜、食用菌	日光温室	塑料大棚喜温果菜	塑料大棚喜凉蔬菜
		10月至翌年6月	4~6月	1~3月

随着人们生活水平的提高，市场对于无公害、有机蔬菜的需求日益强劲，蔬菜的种植面积和产量呈上升态势，且单产水平有所提高。2000 年我国蔬菜单产达到 27 828 kg/hm^2，年人均蔬菜持有量为 326.23 kg；2004 年蔬菜种植面积增加了 200 万hm^2，单产提升了 3 529 kg，年人均蔬菜持有量为 423.56 kg；2008 年全国蔬菜种植面积达 1 785.6 万 hm^2，到 2014 年全国蔬菜种植面积达到 2 128.9 万 hm^2（见图 3-1），单产也达到最高峰 35 701.76 kg/hm^2。我国蔬菜种植结构也发生了变化，逐渐由数量型向效益型转变，此外随着蔬菜种植面积和产量的提高，人们的菜篮子也不断得到充实。

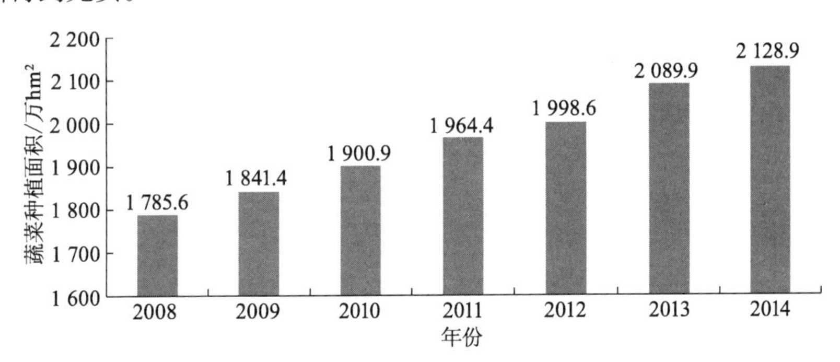

图 3-1　2008—2014 年全国蔬菜播种面积情况

3.1　蔬菜播种机械化技术现状及发展趋势

对蔬菜播种的技术要求如下：① 农业技术要求：适时播种，按要求的播量、播深、株、行距等指标进行，播量稳定、播深一致、粒距均匀。② 播种机的性能要求：播种量符合规定、种子分布均匀、种子播在湿土层中且用湿土覆盖、播深一致、种子破损率低。对条播机还要求行距一致，各行播量一致。对点播机还要求每穴种子数相等，穴内种子不过度分散。对单粒精密播种机，则要求每一粒种子与其附近的种子间距一致。

蔬菜播种有两种基本方式：田间直播和穴盘育苗播种。田间直播的基本操作为平整地、施底肥、起垄或做畦、播种、田间管理、收获；穴盘育苗播种是将种子精确播入穴盘穴孔中，待穴盘苗达到一定高度和苗龄，再移栽到大田或温室中。

3.1.1　田间直播技术

（1）撒播

撒播即采用人工或机械的方式将种子均匀地撒播于苗床上。撒播是小粒径种子播种采用的一种快速简便的直播方式，同时也是一种较粗放的直播方式，它的缺点是用种量较大，密度不易控制，后期管理不方便，产量难以保证。

这种播种方式多用于生长期短、面积小的速生菜类（如小白菜、油菜、小萝卜等）及番茄、茄子、辣椒、结球甘蓝、花椰菜、莴苣、芹菜等育苗播种。这种方式可经济利用土地面积，但不利于机械化的操作管理。为避免发芽的种子落入湿泥中影响出苗，可先往畦面上撒一些细土后再播种，播种时种子掺上少量的细砂土撒种，注意撒种要均匀，播种后即覆土，厚1～1.5 cm。这种方法种子浪费比较严重，出苗后往往需要进行间苗、补苗。

撒播机是一种使撒出的种子在播种地块上均匀分布的播种机。常用的机型为离心式撒播机，附装在农用运输车后部，由种子箱和撒播轮构成，种子由种子箱落到撒播轮上，在离心力作用下沿切线方向播出，播幅达8～12 m。也可撒播粉状或粒状肥料、石灰及其他物料。撒播装置也可安装在农用飞机上使用。

（2）条播

条播即将种子均匀地播成一条，行与行之间保持一定距离均匀播种。条播的作物有一定的行间距，通风和受光均匀，便于行间松土施肥。条播用种量少于撒播，但单行作物密度相对较大。

这种播种方法一般用于生长期较长和面积较大的蔬菜（韭菜、萝卜等）及需要深耕培土的蔬菜（马铃薯、生姜、芋头等）。速生菜（芫荽、茼蒿等）通过缩小株距和宽幅多行，也采用条播。这种方式便于机械化的耕作管理，灌溉用水量少而经济。一般开5～10 cm深的条沟播后覆土踏压，要求带墒播种或先浇水后播种盖土，幼苗出土后间苗。

条播机作业时，由行走轮带动排种轮旋转，种子箱内的种子被按要求的播种量排入输种管，并经开沟器落入开好的沟槽内，然后由覆土镇压装置将种子覆盖压实。出苗后作物成平行等距的条行。不同作物的条播机除采用不同类型的排种器和开沟器外，其结构基本相同，一般由机架、牵引或悬挂装置、种子箱、排种器、传动装置、输种管、开沟器、划行器、行走轮和覆土镇压装置等组成，其中影响播种质量的主要是排种装置和开沟器。常用的排种器有槽轮式、离心式、磨盘式等类型。开沟器有锄铲式、靴式、滑刀式、单圆盘式和双圆盘式等类型。

(3) 穴播

穴播又叫点播,即按照规定的株距、行距进行播种,每穴内播种有多粒种子,是一种比较准确的播种方式。穴播既有条播的优点,用种量较之条播相对较少,且穴播由于边际效应的作用,由穴边缘向穴中心呈由大到小的有序状态分布,便于分级选苗。

这种播种方式一般用于蔬菜(黄瓜、西葫芦、冬瓜、大白菜)及需要丛植的蔬菜(韭菜、豆类等)。穴播的优点在于能够创造局部的发芽所需的水、温、气条件,有利于在不良条件下播种而保证全苗旺。如在干旱炎热时,可以按穴浇水后点播,再加厚覆土保墒防热,待要出苗时再扒去部分覆土,以保证全苗。穴播用种量小,也便于机械化操作。育苗时,划方格切块播种和纸筒等营养钵播种均属于穴播。

穴播一般采用型孔轮式排种器,其型孔结构对播种性能有较大影响。涂金刚等设计了一种"勺式"型孔,以提高充种能力并防止堵塞;李善军等设计了一种斜窝眼式排种器;吴明亮等设计了一种偏心轮型孔轮式排种器,轮轴上设置有大小不同的型孔,通过环形插套的移动可实现变量排种的要求,但由于偏心推种轮一直和排种轮接触,有一定的机械磨损,需要定期检查两者之间的相对位置情况,并进行适当的调整。

2003 年,安徽省天长市研制了一种 WXQ－8 型油菜数控直播机,该直播机采用电子装置控制播种量,每穴 1～3 粒,结构设计紧凑,动力仅靠 6 V 直流电瓶供给,行走靠人工推动,每台机仅重 15 kg,该机比较适合于小地块的播种,大面积播种时效率偏低;2004 年,湖南农业大学与现代农装株洲联合收割机公司研制了一种 2BYF－6 型油菜免耕直播机,采用新型型孔轮式排种器,可实现油菜的穴播,并解决了免耕直播土层覆盖的问题,不足之处是排种器的振动对播种效果存在一定的影响。

现有的适合小粒径种子穴播的播种机基本上能实现油菜、芝麻等精、少量播种的要求,且具有结构简单、造价低廉的优点。需要注意的是,型孔轮式的结构对种子的外形尺寸要求比较严格,排种会对种子造成一定的损伤,投种高度、投种速度、每穴播种粒数等因素也影响着播种的质量。

(4) 精播

精播即在规定的株距和行距要求下将每穴所播的粒数控制在一颗,是一种更为精确的播种方式。精播可以在保证出苗率的同时,将种子的用量控制为最小,使田间植株分布均匀、合理密植,甚至不需间苗。

精量直播排种器有机械式和气力式两种。机械式包括垂直圆盘式、垂直窝眼式、锥盘式、水平圆盘式、倾斜圆盘式、带夹式等。机械式精量排种器播种小粒径种子时型孔过小则易造成堵塞和破损,型孔过大难以实现精播的要求。当前研究的重点主要是解决小粒径种子容易造成的型孔堵塞和种子破损两大技术难题。如张宇文等研制了一种多功能精量排种器并对其排种机理进行了探讨,提出了防堵的方法;连银娟等所研制的滚筒式油菜播种机,滚筒孔内测制成喇叭状以防堵塞;吴崇友等研究开发的异形窝眼轮排种器,其核心为异型窝眼孔孔形、窝眼孔的布置方式和清种部件,通过合理的型孔结构和尺寸保证其充种和排种性能;陈海英等设计了一种镶嵌组合式排种器,不同孔型的镶嵌块与主、副槽盘进行双列或者单列组合配置,试验发现排种轮型孔直径与深度、引种槽与退种槽的倾斜角和深度、刷种板与窝眼轮之间的间隙等是影响播种质量的关键。

气力式排种器包括气吸式、气压式、气吹式等。气吸式排种器利用负压吸种,完成种子与种群的分离、输种,在投种区切断负压,依靠种子的自身重量或刮种装置对种子的作用完成投种过程,代表机型有法国摩诺赛公司生产的 MONOSEM 气吸式播种机及意大利 GASPARDO 公司生产的 SP 悬挂式气吸播种机;气压式排种器利用正压将种子压在排种滚筒的窝眼上,滚筒转动到投种区,正压气流截断,种子在重力作用下离开窝眼,代表机型如美国阿里斯・恰默斯公司生产的 ALLIS-CHALMERS 气压式充种播种机;气吹式排种器在排种工艺上基本与窝眼轮式排种器相似,不同点是利用气流把多余的种子清理掉,代表机型如德国贝克公司生产的 Aeromat II 气吹式播种机。

采用气力式排种器对于播种大豆、玉米等大粒种子效果较好,适用于小粒径种子大田直播的气力式排种器则不多,主要原因是切断气流后小粒径种子靠其自重难以下落而刮种装置容易造成伤种。1999 年,新疆天业集团为解决番茄酱生产的播种需求,从美国引进了 SN-1-130 型气吸气吹式精量播种机,该机当时属世界最先进的精量播种机,通过 60 hm^2 的番茄播种试验发现,该机播种量仅为 150 g/hm^2,空穴率仅为 0.5%。2007 年,廖庆喜等学者研制了一种正负气压组合式精量排种器,利用负压吸种同时在投种区利用正压将种子吹出,克服了小粒径种子由于自重轻,依靠重力难以自由下落的问题,可以实现油菜等小粒径种子的单粒精量播种,并在此基础上研制了 2BFQ-6 型油菜精量联合直播机。

(5) 铺膜播种

铺膜播种是在播种时在种床表面铺上塑料薄膜,种子出苗后,幼苗长在膜外的一种播种方式。这种方式可以先播下种子,随后铺膜,待幼苗出土后再由人工破膜放苗;也可以先铺上薄膜,随即在膜上打孔下种。

铺膜播种有以下优点:

① 提高并保持地温;② 增加土壤含水量;③ 改善土壤养分状况;④ 改善土壤

物理性状;⑤ 促进有机质分解;⑥ 改善近地光环境;⑦ 抑制杂草生长;⑧ 增强抗病虫害能力;⑨ 压盐抑碱,改良土壤;⑩ 提高作物产量。

地膜栽培有许多优点,但成本较高、消耗劳力较多、技术要求也较高。作物收获后,残膜回收问题也未完全解决,所以,主要用在花生、棉花、蔬菜等经济价值较高的作物栽培上。

(6) 免耕播种

在前茬作物收获后,土地不进行耕翻,让原有的稿秆、残茬或枯草覆盖地面,待下茬作物播种时用特制的免耕播种机直接在茬地上进行局部的松土播种,并在播种前或后喷洒除草剂及农药。

由于土壤耕作技术对自然环境的人为影响,自从20世纪中期美国提高免耕种植技术并获得一定成功以来,世界各地对免耕技术给予了极大的重视。根据气候环境和土地情况的不同,有些地区在施行免耕法的过程中,也用圆盘耙或松土除草机在收获后或播种前进行表土耕作代替犁耕;有些地方,每隔两三年也用铧式犁或凿式犁深耕一次。因此,免耕技术在不同地区有不同的技术环节,纯粹的免耕技术还很少应用,主要是少耕技术。

3.1.2 蔬菜穴盘育苗播种技术

生产育苗分为苗床育苗、营养钵育苗、穴盘育苗等。

工厂化穴盘育苗技术是以组织培养为基础发展起来的一项育苗新技术。工厂化穴盘育苗技术使得育苗实现了专业化,生产过程实现了机械化,供苗实现了商品化,这项技术在欧美等发达国家得到了不断的发展和迅速推广,至20世纪90年代末期,北美地区的花坛种苗为穴盘苗的已超过90%。

种苗业的迅速发展必须有先进的育苗播种技术做支撑。穴盘育苗作为一种高效、优质的育苗生产技术,实现了种苗的规模化、集约化生产,具有出芽率高,种苗品质好,节约种子且易于实现商品化生产等优势,在我国发展比较迅速。目前,传统的育苗方式正逐渐被穴盘育苗所取代。播种是穴盘种苗生产中的核心环节。然而,在我国,育苗播种技术还存在以下方面的问题:① 与工厂化育苗生产相配套的育苗播种关键技术水平较低,设备国产化水平不高,实用性差。② 苗木生产者大多仍沿用人工播种,往往出现出苗率低、品质差、产量不稳定等问题,不仅成本增加,而且生产利润不稳定,严重影响了工厂化种苗生产整体效率的发挥,制约了工厂化育苗的进一步发展。③ 穴盘种苗生产设施结构简陋、缺乏综合配套设备,整体性能有待提高。发达国家在种苗生产的各个阶段常用的发芽温室、播种机、移苗机、自走式喷灌机、自动肥料配比机等在国内种苗生产中应用很少,或者只是某一阶段和环节配置了设备,发挥不了综合使用应有的效能。④ 穴盘育苗播种设备装备率低,技术水平落后,生产效率不高,对不同规格穴盘和不同种子的适应性差,播种精度低,无法保证种苗的优质高产。⑤ 对种苗栽培生产管理仍然停留在粗放的经验式管理水平上,管理水平低,机制不健全,没有从根本上建立起生产—加工—销售有机结合和相互促进、完全与市场经济发展相适应的管理体制和机制,因此生产的种苗产品档次和质量普遍不高,与市场需求脱节,效益低下。

在国外,穴盘精密播种设备发展也很快,一定规模的温室基本上采用精密播种机械实现穴盘播种。目前代表世界先进水平的穴盘精密播种设备所采用的排种原理主要有两大类:机械式排种和气力式排种。按其设计样式不同,又可分为针(管)式播种机、板式播种机和滚筒式播种机。如果按照自动化程度不同,还可细分为半自动播种机(手持管式播种机、板式播种机)和全自动播种机(针式精密播种机、滚筒式播种机)。半自动播种机须由人工操作,配合机器的运转,这样可以节省50%以上的劳动力,有的甚至更高。全自动播种机按流水线操作,播种效率提高几十倍甚至几百倍,而且播种的深浅、压实程度、覆料的厚薄一致性较好。

由于机械式精密播种装置对种子的外形要求严格,有一定的种子破碎率,而且其总体结构配置复杂,整机笨重,效率较低,限制了机械式精密播种机性能的进一步提高,目前,国外大多类型的精密播种设备,其播种原理都是采用真空吸附原理,播种精度高,多数能满足播种时行距和穴距可调的要求,且控制准确,可一次完成穴盘装土、刮平、压窝、播种、覆土和浇水等多道工序。

国外的穴盘精密播种设备技术完善,并已形成成熟的产品,为国内所知名的生产商及品牌主要有:美国的斯匹德林(Speeding)、布莱克默尔(Blackmore)、E-Z、万达能(Vandana)、Gro-Mor、英国的汉密尔顿(Hamilton)、荷兰的Visser、澳大利亚的Williames、韩国大东机电的Helper播种机、日本的洋马、久保田等。

美国斯匹德林(Speeding)公司是最早应用穴盘育苗技术的公司,公司历经20余年发展,现已成熟完善。该公司推出的穴盘育苗生产线,穴盘填土、刮平、压穴、播种、覆土和淋水等多道工序在一条作业线上依次自动完成,运行速度每小时700~1 000盘,机器播种精度高达92%左右,播种生产线每天连续工作14 h,年人均育苗量600~800万株。

美国的布莱克默尔(Blackmore)公司主要生产针式、滚筒式精密播种机。Turbo/Needle式气吸播种机每小时可播种300多苗盘。Cylinder式气吸播种机可以变换4种滚筒式播种器用于播种,可以迅速完成设定,迅速实现不同规格育苗盘的播种,作业效率不低于1 200盘/h,播种适应性强。CAN DUIT式气吸播种装置为手动操作,采用管式结构,通过更换针头适应不同种子的播种需要,结构简单,适合于小型温室和研究人员播种需要。

美国Seed E-Z Seeder公司的KZ板式精密播种机和美国Growing Systems公

司的 Vandana Tubeless 播种机均采用板式播种器。与针管式播种机不同,其工作机理是针对规格化的穴盘,配备相应的播种模板,一次播种一盘。其优点是价格低、操作简单、播种精确,操作熟练的播种速度可达 120 ~ 150 盘/h。通过正压气流来清洗播种板,同一播种板,可以通过调整压力来控制一次播种 1 颗种子或多颗种子。一般每台播种机至少配 3 种规格播种板,这 3 块播种板适合特定的穴盘穴孔数,可以满足大多数种子的播种要求。

美国 GRO – MOR 公司的产品主要以手持式、手动针式播种机为主。手持振动式播种机主要适用于小规模育苗播种或播少量种子。使用时,将其倾斜一定角度,利用手柄处的振动器产生振动,使种子槽内的种子流呈线性流动至穴盘内。Wand 系列手持管式播种机,其工作原理为真空吸附,适用于中小型穴盘苗生产商及大型花卉和专业的种苗公司在播种一些较少量的种子时使用。该手持管式播种机由播种管、针头、种子槽、气流调节阀等部分组成。播种管有 8,10,12,16 个针头等多种规格。分别适合 128,200,288,512 穴的穴盘。播种管配有多种规格针头,常用的针头孔径 0.7,0.5,0.3 mm。播种时将播种管置于种子槽上方,用手指封住播种管上方的圆孔,调整气流调节阀,让每个针头都吸附 1 粒种子,移动播种管到穴盘上方,手指离开圆孔,即可完成播种。

随着我国蔬菜产业的发展和工厂化农业的推进,蔬菜育苗也由传统的土方育苗、营养钵育苗逐步向以穴盘为主的工厂化育苗方向发展。工厂化穴盘育苗出苗整齐,苗大小整齐一致,植株健壮,有利于种苗商品化;移植不易伤根,不窝根,成活率高;穴盘育苗在脱盘时,根系和基质网结而成根坨相当结实,根系极好;移栽后无明显缓苗期,植株生长较快;种苗出圃时间不受季节限制;适合机械化操作,省工,省力;穴盘、种苗大小一致,便于远距离运输;适宜规模化生产、规模化管理,生产效率高。

我国目前超过 2/3 的蔬菜栽培采用育苗移栽的方式。工厂化育苗的方式主要有穴盘育苗、容器育苗、水培育苗等,其中以穴盘育苗为主。精量播种机是穴盘鱼苗流水线的核心设备。播种机性能优劣直接影响劳动生产率、播种质量及成本。因此,我国学者对穴盘精量播种机核心部件 – 排种器的充、排种机理进行了深入广泛的研究。

2004 年,胡建平等针对蔬菜、花卉类小粒径种子精密播种问题,利用磁吸式排种原理,设计了一种磁吸滚筒式精密排种器,以磁粉包衣油菜种子为试验对象进行试验,试验证明磁吸头工作电流是影响排种性能的主要因素;2007 年,王希强等针对油菜籽的排种问题,研究了气吸滚筒式精密排种器,对该排种器的吸孔吸种半径进行了理论分析和推导,得出了滚筒上吸孔的吸种半径与吸孔直径、负压大小、种子密度及种子大小有关的结论;2008 年,夏红梅等对气力滚筒式穴盘播种机按单刚体系统对种子的吸排种过程建立动力学模型,得出了增大气流量、提高种子与滚筒间的摩擦系数、减少种子与吸孔的距离可大大提高吸附效果的结论。2009 年,赵湛等对气吸振动式排种器进行了工作机理研究和性能试验分析,推导出了种子与种盘二自由度碰撞振动系统周期运动的 Poincare 映射,模拟了振动种盘内种群的三维运动规律,为气吸振动式精密排种器的理论研究提出了新方法。

在引进国外先进技术和对穴盘育苗播种技术研究的基础上,国内研制出了一系列性能优良的穴盘育苗设备。1991 年,中国农业工程设计研究院最早研制了一台 2XB－400 穴盘精量播种机,采用的是机械式排种器,可用于蔬菜和一些花卉的播种,但对外表不够光滑接近球形的种子需要丸粒化包衣处理;1997 年,农业部南京农业机械化研究所研制了一种振动气吸式播种机,可满足每穴 1～2 粒精量播种的要求,空穴率在 3% 以下,合格率在 90% 以上;2000 年上海交通大学研制出一台真空吸附式精量播种流水线,系统自动化水平高,日播种量 12 万粒以上,且能适用于不同形状的小粒种子;2004 年江苏大学研制了一台磁吸式穴盘精密播种机,首次将磁吸式播种技术应用于穴盘苗育种,具有较高的播种精度和对不同类型种子的良好适应性。

由上可知,滚筒式穴盘播种机对种子适用范围较窄,对一些形状不规则的种子要求丸粒化,播种精度略低,磁吸式需要播前对种子进行磁化包衣处理,气吸式、播种机对种子形状和粒径大小没有十分严格的要求,播种精度较高。

3.1.3　播种机械发展趋势

随着农业的发展,对蔬菜播种的要求越来越高,精密播种设备作为实现精确播种的主要途径将迎来新的发展契机,其发展趋势主要体现在以下几方面:

① 实现设备的一机多用

以科技为先导,通过开发技术先进的育苗技术和苗木生产设备,进行工厂化育苗,达到种苗优质高产,降低育苗成本,提高经济效益等目的。通过对播种机排种器进行改进,使其能够适用于尽可能多的作物的精密播种,减少播种机的空闲时间,提高其使用率,实现一机多用,有效地解决传统机械中一机一用所带来的生产成本较高的问题。

② 提高穴盘育苗播种成套设备的智能化水平

将自动控制技术、液压技术和电子技术广泛应用于精密播种设备,如通过播种智能监控系统对播种情况进行监控,在播种过程中及时发现故障,提高播种效率和播种精度。

育苗设施现代化、设备智能化、生产技术标准化、工艺流程化、生产管理的科学化是未来的发展方向;在种苗生产中,当前的种苗市场日益发育成熟,蔬菜、花卉、苗木的大发展将为种苗生产提供广阔的市场空间;指令性育苗计划越来越少,市场配置资源的作用越来越大;要使分散的、盲目的育苗生产实现与大市场的对接,向产业化发展是一个方向;除进行穴盘育苗生产线研发外,在机械化育苗移栽工艺和机具设备的研究成果基础上进行突破,着重研制与育苗生产线配套的小型钵苗移栽机,实现育苗生产的全过程自动化是未来的发展趋势。

③ 采用新原理新技术,研制新机型

传统的精密播种机主要以机械式和气力式为主,近年来针对不同种子在几何物理特性上的差异及自身的农艺要求,国内外的农业机械学者和科研部门正在发展一些基于新的播种原理的播种机械及相关技术,如电磁排种原理,日本提出适合蔬菜的静电播种,英国提出适合于蔬菜的液体播种、适合于牧草的超音速播种。将蔬菜、花卉种子经过丸粒化包衣处理后,直接利用型孔式排种器进行精密播种,将为研制低成本、简单实用的穴盘精密播种机提供新的研究思路。

④ 成本最小化,质量最优化

工厂化育苗播种生产线尽量减少设备、省工、节能、节本已成为广泛的共识。从国外工厂化育苗播种的发展历程来看,要想把种苗生产做成一个产业,靠传统的旧式育苗、塑料钵育苗很难形成产业化规模。因为它体积大、重量重,无法实现远距离运输和机械化移栽;而穴盘苗根系活力好、缓苗快,能获得较高的品质和产量,育苗的专业化、营销的社会化是实现种苗业现代化的必然趋势。

3.2 蔬菜播种关键技术

3.2.1 蔬菜直播关键技术

(1) 蔬菜直播机械的结构

蔬菜直播机械的结构主要由机架、排种部件、土壤工作部件及其仿形机构、传动部分组成,播种中耕通用机结构如图 3-2 所示,后轮式联合播种机结构如图 3-3 所示。

① 机架:一般为框架式。它支撑整机及安装各种工作部件。

② 排种部件:种子箱和能达到播种要求的机械式或者气力式排种器,包括可调节的刮种器和推种器。

③ 土壤工作部件及其仿形机构:包括开沟器、覆土器、仿形轮、镇压轮、压种轮及四连杆机构等。

④ 传动部分:通常由地轮(行走轮)通过链轮、齿轮等将动力传递给排种部件。

有的播种机还配有施洒农药和肥料的装置。

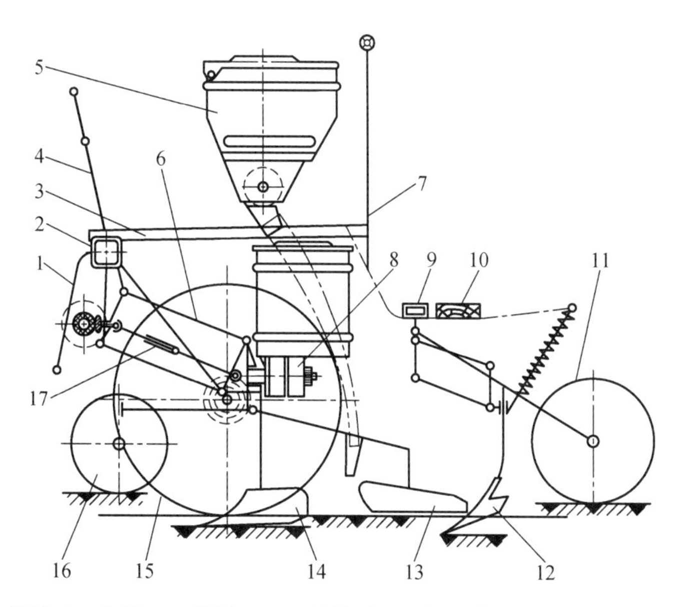

1—下悬挂臂;2—主梁;3—纵梁;4—上悬挂臂;5—排肥装置;6—仿形机构;7—扶手;8—排种装置;9—后梁;10—脚踏板;11—镇压轮;12—起垄铲;13—覆土器;14—开沟器;15—地轮;16—仿形轮;17—传动机构

图 3-2　播种中耕通用机结构

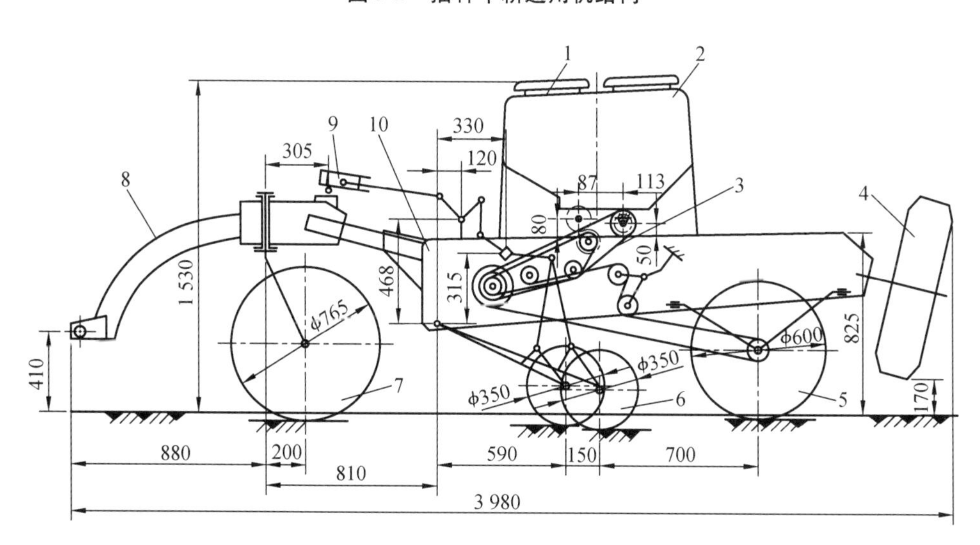

1—种子箱;2—肥料箱;3—传动机构;4—运输轮;5—镇压轮;6—前、后列开沟器;7—前支持轮;8—牵引梁;9—升降液压缸;10—机架

图 3-3　后轮式联合播种机

(2) 排种器

排种器是用于按一定要求将种子从种箱内排出的装置,是播种机的核心部件。按播种方式排种器分为撒播排种器、条播排种器和点播排种器。

条播排种器有外槽轮式、内槽轮式、钉轮式、匙式、叶轮式、磨纹式、摆杆式、离心式及气力式等;点播排种器有水平圆盘、垂直圆盘、倾斜圆盘、窝眼轮、型孔带、指夹、气吸、气吹、气压式等。对排种器总的要求是:播量稳定可靠、排种均匀、不损伤种子、通用性好、播量调节范围大、调整方便可靠等。

精量直播排种器有机械式和气力式两种。机械式包括垂直圆盘式、垂直窝眼式、锥盘式、水平圆盘式、倾斜圆盘式、带夹式等。机械式精量排种器播种小粒径种子时型孔过小则易造成堵塞和破损,型孔过大难以实现精播的要求。当前研究的重点主要是解决小粒径种子容易造成的型孔堵塞和种子破损两大技术难题。张宇文等研制了一种多功能精量排种器并对其排种机理进行了探讨,提出了防堵的方法;连银娟等所研制的滚筒式油菜播种机,滚筒孔内侧制成喇叭状以防堵塞;吴崇友等研究开发的异形窝眼轮排种器,其核心为异型窝眼孔孔形、窝眼孔的布置方式和清种部件,通过合理的型孔结构和尺寸保证其充种和排种性能;陈海英等设计了一种镶嵌组合式排种器,不同孔型的镶嵌块与主、副槽盘进行双列或者单列组合配置,试验发现排种轮型孔直径与深度、引种槽与退种槽的倾斜角和深度、刷种板与窝眼轮之间的间隙等是影响播种质量的关键。

气力式排种器包括气吸式、气压式、气吹式等。气吸式排种器利用负压吸种,完成种子与种群的分离、输种,在投种区切断负压,依靠种子的自身重量或刮种装置对种子的作用完成投种过程,代表机型有法国摩诺赛公司生产的 MONOSEM 气吸式播种机及意大利 GASPARDO 公司生产的 SP 悬挂式气吸播种机;气压式排种器利用正压将种子压在排种滚筒的窝眼上,滚筒转动到投种区,正压气流截断,种子在重力作用下离开窝眼,代表机型如美国阿里斯 · 恰默斯公司生产的 ALLIS-CHALMERS 气压式充种播种机;气吹式排种器在排种工艺上基本与窝眼轮式排种器相似,不同点是利用气流把多余的种子清理掉,代表机型如德国贝克公司生产的 Aeromat II 气吹式播种机。

采用气力式排种器对于播种大豆、玉米等大粒种子效果较好,适用于小粒径种子大田直播的气力式排种器则不多,主要原因是切断气流后小粒径种子靠其自重难以下落而刮种装置容易造成伤种。1999 年,新疆天业集团为解决番茄酱生产的播种需求,从美国引进了 SN-1-130 型气吸气吹式精量播种机,该机当时属世界最先进的精量播种机,通过 60 hm^2 的番茄播种试验发现,该机播种量仅为 150 g/hm^2,空穴率仅为 0.5%。2007 年,廖庆喜等学者研制了一种正负气压组合式精量排种器,利用负压吸种同时在投种区利用正压将种子吹出,克服了小粒径种子由于自重轻，依靠重力难以自由下落的问题，可以实现油菜等小粒种子的单粒精量播种，并在此基础上研制了 2BFQ－6 型油菜精量联合直播机。

3.2.2　穴盘育苗播种关键技术

目前苗床育苗和营养钵育苗发展缓慢，穴盘育苗发展势头强健。穴盘育苗基本流程如图 3-4 所示。

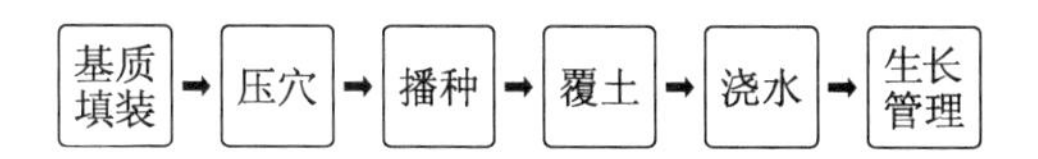

图 3-4　穴盘苗育苗基本流程

操作一般在一条自动化的流水线上完成，称之为穴盘育苗播种线。其中完成播种操作的机器为“精量穴盘播种机”，评价其工作质量的主要指标是单粒率、漏播率、播种位置准确度。基质装填要装满且各穴孔装填量要均匀。压穴就是在装填基质并刮平后在各穴孔的中心压制出深浅、大小均匀一致的小坑。穴盘播种机按结构分为针吸式和滚筒式。

（1）全自动针吸式育苗播种技术

全自动针吸式育苗播种机作业流程主要包括：基质装填、穴盘基质压实、吸种播种、顶层基质覆盖、喷淋浇水五大作业功能总成及空气压缩机、电控单元、传动、机架四大协调功能总成。九大总成构成一个完整的播种系统。

播种机的作业质量和效果直接体现在种子的漏播、重播、播种位置 3 个方面，因此承担种子吸、放的针式播种部件为整个设备的核心部件，其他部件的功能、结构，都为保证针吸作业质量的反推设计。

① 播种总成

播种总成的核心工作部件是真空发生器和吸针。首先，真空发生器使用压缩空气驱动，真空发生器有一个关键的参数——能耗比（指真空流量和压缩空气耗气量的比值）。如果能耗比比值小于等于 1，证明此真空发生器耗气量很大，即使价格便宜，长远来看，其他附加成本也会很多；如果能耗比比值大于 1，甚至大于 2，说明此款真空发生器能量转换效果好，即使价格贵，长远来看，使用价值还是很高的。根据国内学者研究表明，真空度在 10～40 kPa 范围内可调，对针吸式播种结构比较合适。

其次，吸针是直接吸附种子的部件，吸针的吸嘴形状、孔径对种子吸附性能影响较大。很多学者对此进行了大量的研究实验。认为吸嘴形状对实验结果有显著影响。“V”形吸嘴在同等条件下，能得到最大的流速，吸种能力最好。对于不同大小、形状的种子要设计不同孔径的吸针。

再次,导种管长度及孔径也是影响重播、漏播及播不到位的重要因素。通过对国产的几种形式的导种管结构分析,有的导种管采用1.5 cm的橡胶管,长度达20 cm,这种形式的导种管在吸针释放种子后种子沿管内壁自由碰撞,到达出口处的速度方向难以保证垂直向下,导致种子不能落入穴中央,甚至弹跳到其他穴中,造成重播、漏播、播不正的问题。因此,导种管要尽量短、内径要尽量小,同时要垂直穴盘布置。

② 基质装填总成

基质装填是播种系统作业的第一道工序,对整机作业效率和作业效果起到至关重要的作用。目前,国产播种机在消化吸收国外技术时对国内外基质形状缺乏充分调研,仍采用上置式梯形料斗,在使用中发现国内基质含水率较高,上置式梯形料斗虽配装搅拌装置,但是仍然存在基质堵塞出口的问题,导致工作不流畅,费工费时。因此,建议采用下置料斗链耙提升式的基质装填结构。

③ 传动总成

传动总成是实现穴盘移位的功能部件,国内播种机多采用推杆间歇式推动穴盘移位的结构,这种结构从理论上分析是合理的,但是在实际工作中,受整机振动及穴盘与底板接触产生的微量滑移的影响,穴盘基质压实、种子落穴不稳定。因此,建议采用步进电机带动同步带传输结构。

④ 穴盘机制压实总成

穴盘基质压实总成对装满基质的穴盘各穴进行压实,同时起到种子播深一致、稳定的作用。国内的针式播种机采用一次单排、多次压实的结构,这样在连续作业过程中,压实机构工作频率很高,不但增大了噪声,而且多次振动对种子落位产生影响。因此,建议将一次单排多次压实的结构设计为一次压实一盘,配置不同规格穴盘的压实部件。

⑤ 其他总成

泵、机架、喷淋等总成按照总体性能及机构要求总体考虑优化设计。

(2) 滚筒气吸式育苗播种技术

滚筒气吸式播种机与针吸式播种机原理基本相同,主要区别在于采用的吸种及压穴工作部件结构不同。滚筒气吸式播种机由于采用滚筒外侧吸孔吸附种子并播种入穴,所以工作的连续性、平稳性较针吸式好,在其他条件一样的情况下其工作效率要高于针式播种机。

为实现吸种、排种功能,滚筒内腔要设计成负压区(便于吸种)和正压区(便于吹种)两个功能区,相对吸种式播种部件的设计和加工要复杂些,对气密性的要求也更严格。

工作时,首先启动风机使滚筒内吸种区形成负压;然后启动输送机构动力电机使输送带运转，带动空穴盘到基质装填料斗下方，加装基质；装满基质的穴盘继续随输送带运动到压穴辊下，连续压实基质并形成播种空位；压实后的穴盘继续运动到滚筒下方，此时滚筒在负压区已将外壁吸孔吸满种子，穴盘滚到滚筒下方时，正对穴孔的滚筒吸种带进入正压区，种子脱离负压在正气压下将种子播入穴孔；滚筒自转的线速度与穴盘的平移速度相匹配，将滚筒外壁吸附的一排排种子连续地播入穴盘；播满种子的穴盘继续随输送带运动到第二个基质料箱下方，完成二次基质覆盖，再进入喷淋区喷淋灌溉，完成一个工作过程。

3.3　蔬菜播种机械

3.3.1　蔬菜精量直播机械

蔬菜田间播种机械化技术研究始于20世纪中期，20世纪80年代发达国家蔬菜播种机开始向精密和联合作业方向发展，对不规则蔬菜种子进行丸粒化以适应播种机具，播种机械采用各种监测装置及自动控制技术以提高播种精度。目前，在欧美等发达国家，莴苣、洋葱、卷心菜、芹菜、大白菜、萝卜等蔬菜品种均已实现机械化精量播种，而我国的蔬菜精量直播机械还处在起步阶段。

在蔬菜直播机械化技术中，精密排种技术是其核心。机械式排种器包括垂直圆盘式、垂直窝眼式、锥盘式、水平圆盘式、倾斜圆盘式、带夹式等型孔轮式、垂直型孔轮式、孔带式、匙式及气力式等不同形式，适用于对处理后的外形规则种子进行单粒精密播种，可以达到每个窝眼充填一粒种子。从20世纪80年代开始，美国、澳大利亚、加拿大、法国等研制并广泛使用气力式精密播种机械，其中气流一阶集排式排种系统大量应用在谷物条播机和蔬菜精播机上。蔬菜精量播种技术研究中，国外广泛采用新原理、新技术，如日本提出适合蔬菜的静电播种，英国提出适合于蔬菜的液体播种，适合于牧草的超音速播种，还有目前广泛应用的种子带播种等。液压等新技术在国外播种机的应用也日益广泛，美国塞科尔5000型气压式播种机用液压马达驱动风机；德国A－697型精密播种机装有供驱动排种锥体的液压马达，当地轮滑动时，液压马达启动，以保证排种锥体的转速与机器前进速度相协调，同时也用以操作开沟器的升降，在大宽幅的播种机上还采用液压折叠机架，以便安全运输。

日本和韩国的蔬菜播种机（见图3-5）值得借鉴，目前国内引进较多的有日本矢崎公司的SYV系列蔬菜播种机，采用手动、电动、拖拉机悬挂等多种形式进行驱动；韩国（株）张自动化公司播蓝特系列蔬菜播种机采用圆盘式排种部件，在韩国应用比较广泛的蔬菜播种机还有Hwang Geum Seeders公司的HG系列蔬菜播种机，其特点是采用舵轮式播种器，排种、成穴、播种同时完成。

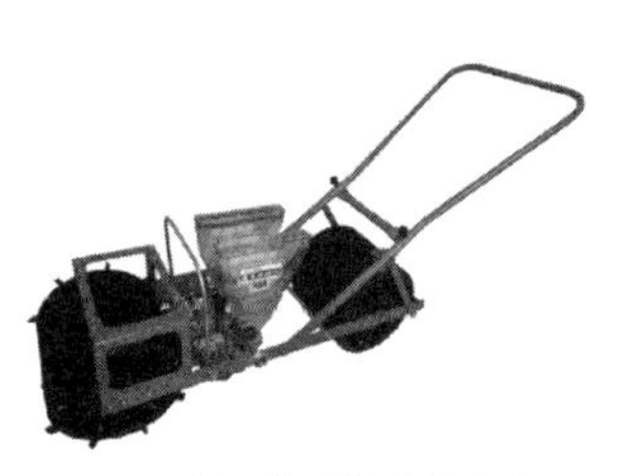
(a) 日本矢崎手推式播种机

(b) 韩国播蓝特手推式播种机

(c) 韩国璟田自走式精密播种机

(d) 日本矢崎悬挂式精密播种机

图 3-5　蔬菜精量直播机(日本、韩国)

国内有些企业借鉴国外机型研发了蔬菜播种机械,在一定范围内推广使用。黑龙江省农业机械工程科学研究院研究了气力式蔬菜播种机排种器,实现负压吸种,自然泄压排种后进行播种,而且通过正压吹风除去排种孔处多余的小种子及杂物等,解决漏播现象。黑龙江德沃科技开发有限公司开发的手推式小粒种子播种机(见图 3-6)适合于小区与棚室等设施农业,气力式蔬菜播种机一次进地可完成开沟、播种、覆土、镇压功能,适合胡萝卜、白菜、油菜、西红柿、甘蓝等小粒种子的精密播种。但因受关键技术水平制约等因素,上述机型都未能在多种蔬菜作物及全国范围内推广,蔬菜直播机械性能还需进一步提升。

(a) 播种机具

(b) 拖拉机悬挂作业

图 3-6　黑龙江德沃 2BQS－8 气力式蔬菜精密播种机

2BQS－8 气力式蔬菜播种机根据播种不同蔬菜种子的需要,一次可完成浅层开沟、精密播种、圆轮压种、双侧覆土、整体镇压等作业工序,可以在垄上或者整地成畦的细碎土壤上播种作业,实现一机多用;该机为单苗带播种作业,行距和株距可据需要适时调整;负压吸种、正压吹杂,实现高速精密播种,防止出现空穴漏播现象。

主要技术参数:型号为 2BQS-8,配套动力≥58.5 kW,作业速度:3~5 km/h;作业效率:0.27~1.13 hm^2/h;工作幅宽:2 500 mm;整机重量:750 kg;外形尺寸(长×宽×高):2 500 mm×1 880 mm×1 530 mm,作业行数:8 行(单苗带),作业行距≥180 mm。

国内外蔬菜直播机具对比见表 3-2。

表 3-2　国内外蔬菜直播机具对比

序号	国别	企业	型号	配套动力	作业参数
			SYV-2 手推式	无	行数:2 行 行距:6~21 cm
1	日本	矢崎集团	SYV-M800W 手推式	100 W 电动	行数:17 行(最大) 幅宽:80 cm
			SYV-TU 系列	18.65~26.11 kW 乘坐式	行数:1~8 行 行距:18 cm
			JAS 手推式	3.73 kW	行数:5~12 行
2	韩国	(株)张 自动化公司	JPH	3.73 kW 牵引	行数:1~4 行; 8~14 行
			JTS-1500S	3.73 kW 牵引	行数:6/12/15 行
			MPM620	3.73 kW 牵引	行数:2/4 行
3	奥地利	温特施 特格公司	TC2700	11.94~14.92 kW 乘坐式	行数:8~14 行
			PLOTSPIDER2000	37.30 kW 乘坐式	行数:12~20 行
		福悦达		37.30 kW 乘坐式	行数:4~8 行
4	中国	禹城天 明机械	2BJ	18.65~37.30 kW 乘坐式	行数:5 行

3.3.2　工厂化穴盘育苗播种机械

英国汉密尔顿(Hamilton)公司的产品主要有手持式播种机(见图 3-7)、针式播种机(见图 3-8)、滚筒式播种机,以及各种精密播种生产线。Handy 系列播种机适用于小种子手动播种,吸种孔直径 0.3,0.5 mm。Natural 系列针式精密播种机实际上是自动的管式播种机,只须配置几种规格的针头就可适播质量不同、形状各异的种子,播种精度高。该机配套动力为空压机,输送胶带为步进式运动,播种速度为

100～200 盘/h。该机的工作原理是负压吸种、正压吹种，配备 0.5，0.3，0.1 mm 针式吸嘴各一套，可针对从秋海棠到瓜果类的全部种子进行精密播种。为防止种子中杂质堵塞吸嘴，该机还配置自清洗式吸嘴（0.3 mm）一套，播种时从吸嘴针管内伸出的清洗针清洁吸嘴。Hamilton 公司的滚筒式播种机的播种器，利用带孔的滚筒进行精密播种。其工作原理是：种子由位于滚筒上方的漏斗喂入，滚筒的上部是真空室，种子被吸附在滚筒表面的吸孔中，多余的种子被气流和刮种器清理。当滚筒转到穴盘上方时，吸孔与大气连通，真空消失，并与弱正压气流相通，种子下落到穴盘中。滚筒继续滚动，且与强正压气流相通，清洗滚筒吸孔，为下一次吸种做准备。该机由光电传感器信号控制播种动作的开始与结束，滚筒的转速可以调节，特点是速度快，每小时可达 800～1 200 盘，适合常年生产某一种或几种特定品种的大型育苗生产企业。

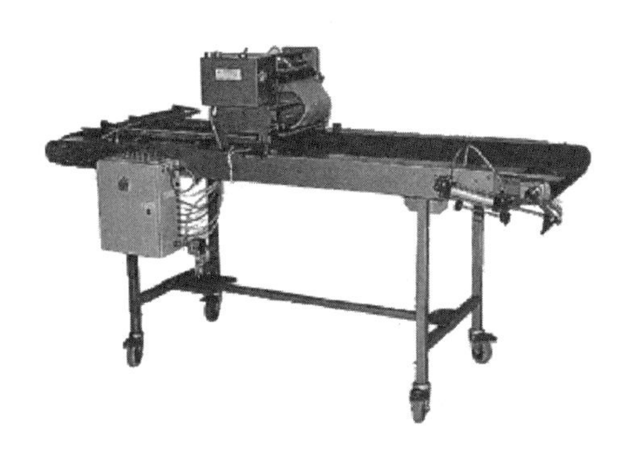

图 3-7　英国 Hamilton 针式播种机

图 3-8　英国 Hamilton 滚筒式播种机

荷兰 Visser 公司和澳大利亚 Williames 公司的精密播种设备（见图 3-9）主要是适合工厂化播种育苗作业。Visser 公司主要提供半自动、全自动的针式和滚筒式的精密播种机。各个系列的精密播种机都采用气吸式工作原理，自动化程度高，并配有播种监测系统。Williames 的设备主要是滚筒式，主要型号 ST750，STl500 都采用滚筒气吸式。

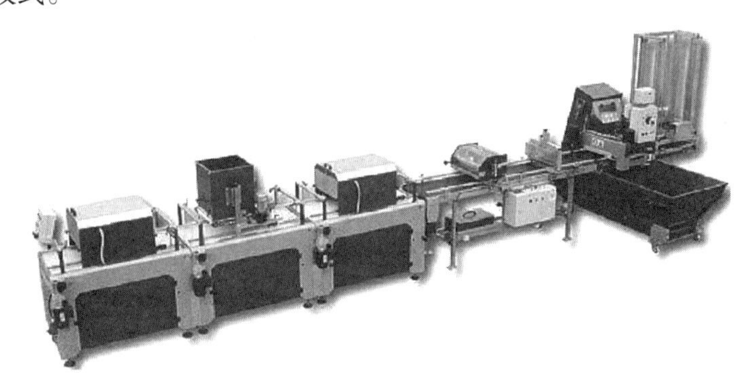

图 3-9　荷兰 VISSER 公司的穴盘育苗播种成套装备

韩国大东机电株式会社Helper精密播种机涵盖了手持式、板式、家用针式、自动针式等,可进行蔬菜、花卉、林木的播种育苗。Helper SD－1200S型多功能精密播种机适合所有播种盘,能完成压土、播种、盖土作业,作业效率为150盘/h。SD－900W宽幅镇压播种机确保高生产性,作业效率为400盘/h。SD－1500型穴盘精密播种系统采用真空气吸方式,播种整齐度高。

日本洋马公司和久保田公司主要研制小型手动、全自动蔬菜播种机。洋马公司主要有YVR100A型、YVMP130型、YVP400型、SV400S型和SF70A型播种机。YVR100A气吸式半自动精密播种装置采用板式播种形式,结构紧凑,作业效率为100盘/h。SV400S蔬菜播种机能实现流水线作业,作业效率能达到400盘/h。SFTOA整列精密播种机是一个特色机型,适合大种子播种,播种后使椭圆形种子排列一致,可以使生长出的幼苗整齐和统一,提高穴盘育苗的质量。久保田公司的KHT100－128/200型成型苗用全自动播种机能一次完成覆土、镇压、整理、浇水等作业环节,播种后育苗整齐,作业效率180盘/h。STH－203/203T－288型播种机、STS－203M(25)/STS－203M(30)型播种机和VE－30型自动播种机适合不同作业需求,作业效率100～310盘/h。TH－3K－72/128/200型和VH3型为手动播种机,作业效率60～100盘/h。

从以上对国外穴盘精密播种设备的分析可看出,国外的设备技术完善,产品成熟,播种器多采用真空吸附原理,对种子的适应性强,设备从小型到大型,再到播种流水线,既能满足规模较小的设施播种需求,也能满足大规模工厂化播种育苗的需求。现有的许多播种设备已经融合了液压技术、电子技术,大大提高了播种设备的自动化水平及播种设备的作业效率。

穴盘育苗技术是20世纪80年代中期从国外引进的,经过多年的消化和吸收,已经成为我国设施农业主要的育苗方式。长期以来,穴盘播种大多还是依靠人工播种为主,生产效率低,育苗播种质量差,阻碍了我国设施农业的发展。

国内自1985年引进穴盘育苗技术以来,各科研院所及大专院校也进行了育苗技术与设备的研究。在北京郊区相继建起花乡、双青、朝阳等三座育苗厂,采用国外引进生产线,国内配套附属设施,科研单位和部门承担技术设备引进和消化吸收的研究工作,以无土材料做育苗基质,机械化、专业化生产蔬菜、花卉、林木等种苗。"八五"期间农业部规划设计研究院与北京农业工程大学于1991年研制生产出第一台国产2XB－400穴盘精量播种机,并在青岛、石家庄、杭州等地进行试验,该播种机的精度基本能满足要求,但由于生产过程中故障率太高而停止了生产。"九五"期间工厂化穴盘育苗的配套设备的开发研究取得了突破性进展,在消化国外技术的基础上,通过联合开发解决了穴盘国产化问题。

国内学者在工厂化穴盘育苗播种技术方面也进行了相关理论研究。胡敦俊、宋裕民(2002)提出了育苗的新型气吸式精量播种装置的结构及工作原理,对其吸种理论进行分析,得出了种子在吸孔气流作用下的受力模型,并通过试验对其中几个基本参数进行了研究,分析得出了最优生产条件;赵立新、郑立允(2005)等对气动振动器气吸播种机的种子振动性能进行了研究,通过试验确定了在激振频率和振幅匹配良好的振动情况下,使吸种件对被抛起种子形成良好的吸种、固种能力的激振基频的下限值。但总的来讲,国内对于工厂化穴盘育苗播种成套装备的研究是装置、试验台层次的研究居多,整机研究较少;播种设备研究较多,基质混合、基质填充、打孔、覆土、淋水等配套工序设备的研究较少。

由于种种原因,目前鲜有国内相关装备投入到温室实际的育苗播种生产应用当中。工厂化穴盘育苗播种设备至今没有真正配套完善,更缺乏规模化和商品化生产,推广效果不理想,限制了我国育苗业的机械化和自动化发展,很多地方的苗木生产至今还停留在手工作业阶段,尤其在穴盘育苗方面,迄今还没有一套真正的国产自动化作业流水线。

目前在国内种苗行业实际生产中有一定规模应用的成套装备主要仍是国外一些厂家的设备,如英国的 Hamilton,韩国大东的 Helper,荷兰的 VISSER,瑞典的 BCC,美国的 Blackmore 和 Gromor,澳大利亚的 Willianes 等。国内如海淀农机所、北京苗乐育苗容器公司等也有一些仿制的针式播种样机和设备,但技术参数不是很先进,播种速度有待提高,产品规格比较单一,配套性也比较差。引进欧美等国的穴盘育苗播种成套设备普遍价格昂贵,占地面积大,布局符合西方模式,采用英制单位,不仅运输距离远、时间长,而且零部件更换仍要全部进口。事实证明大多数引进设备不适合我国的国情和地区特点,我国不能再走全套引进欧美育苗生产线的老路,我国的工厂化育苗必须有一个质的飞跃,必须在现有条件基础上,坚决走引进、消化、吸收和改造的“国产化”路线,立足本国,面向生产,形成适合我国国情、满足生产实际需要、具有高技术含量的种苗产业。

目前,国内能够生产符合蔬菜精量播种要求的育苗播种流水线的企业还不多,而且产品质量不稳定,在可靠性方面仍需进一步提高。相对成熟的有台州赛得林机械、台州一鸣机械、江苏云马机械等公司的产品,基质装填、精量播种、覆土浇水可自动进行一体化作业,种子大小适应范围为 0.1 ~ 5 mm;潍坊靖鲁机械、重庆市万而能农业机械等公司生产的精量播种机,采用板式气吸结构,可播番茄、辣椒、蔬菜、烟叶等多种植物种子,可一次完成一个苗盘的播种,播种效率比人工要提高很多。

总之,在蔬菜育苗装备领域,今后我国除了应继续着力提高精量播种机性能稳定性、自动嫁接育苗机的实用性外,还应重视包括种子播前处理、催芽出苗、基质处理、基质块成型等育苗装备成套性技术的研究和推广。

目前国内的育苗播种流水线如图 3-10 所示;板式播种机和针式播种机分别如

图 3-11 和图 3-12 所示;国产简易播种设备如图 3-13 所示;国产仿 Hamilton 针式播种成套设备如图 3-14 所示。

图 3-10　育苗播种流水线(中国)

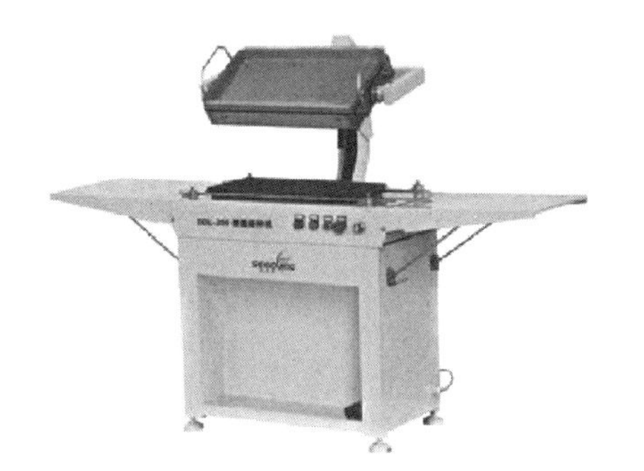

图 3-11　板式播种机(中国)

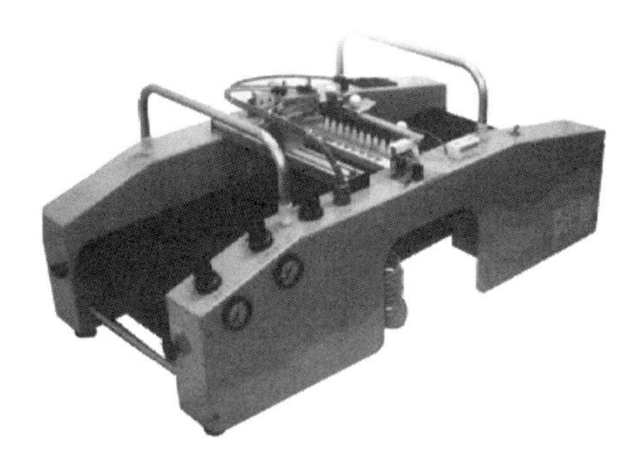

图 3-12　针式播种机(中国)

图 3-13　国产简易播种设备

图 3-14　国产仿 Hamilton 针式播种成套设备

表3-3为国内外穴盘针式播种机对比。

表3-3 国内外穴盘针式播种机具对比

序号	国别	企业	型号	作业类型	作业效率/(盘/h)
1	日本	矢崎集团	SYS-550	播种流水线	200
		洋马农机(中国)有限公司	YVR100A	播种机	100
			SV400S	播种流水线	200
		久保田农业机械(苏州)有限公司	KHT100-200	播种流水线	200
2	韩国	韩国大东机电有限公司	2BS-QJ	播种机	150
			Helper SD-1200S	播种流水线	200
3	英国	HAMILTON Design Ltd		播种机	150
4	美国	BLACKMORE Company		播种流水线	200
5	中国	台州赛得林机械有限公司、山东靖鲁机械有限公司		播种机	130
		台州赛得林有限公司、台州一鸣机械设备有限公司、江苏云马农机制造有限公司		播种流水线	180

第 4 章　蔬菜移栽机械化技术与装备

移栽，是指把在苗床或穴盘中的幼苗移栽到大田的作业。我国作为世界最大的蔬菜生产国，蔬菜产量占世界总产量的60%左右，是我国种植业中仅次于粮食的第二大产业。我国蔬菜的育苗移栽有着悠久的历史，大多数蔬菜品种（约占60%）均采用育苗移栽方式种植。

4.1　蔬菜移栽机械化技术现状及发展趋势

4.1.1　育苗移栽优势及现状

育苗移栽技术可充分利用光热资源，具有对气候补偿和使作物生长提前的综合效益，能够提前作物生长期，提早产品上市时间，其经济效益和社会效益均十分可观。育苗移栽技术主要有以下优点：

① 避免苗期干旱、冻害等自然灾害，利于稳产、高产。采用育苗移栽技术，可以提高和稳定作物产量。在西北和东北地区，由于无霜期短，温差变化大，如采用直接播种方式，则会造成烂种，影响作物种子的发芽，或对幼苗造成冷害，最终导致作物减产甚至绝收。采用保护地育苗，则可避免苗株早期可能受到的低温和霜冻的影响，能提前15天左右的育苗播期，待气温升高并稳定后再移植大田，从而很容易使苗株避开霜冻、风、虫等自然灾害的威胁。

② 提高复种指数，解决积温不足矛盾。华北地区和长江以南地区采用一年两熟或多熟种植方式，常常由于积温不足而导致作物减产，采用育苗移栽方式可将播种期提前，相对缩短作物自然生长周期，提高复种指数，提高土地利用率，获得高产和稳产，进而增加农民经济收益。

③ 建立作物对杂草的早期优势，减少草害。蔬菜早期在温室或大棚育苗，集约利用光热资源，幼苗成苗后移植田间，建立了作物群体生长优势，从而抑制杂草生长数量，降低危害程度。

④ 降低缺苗率，增加壮苗率，提高产量。采用移栽技术的前提是保护地育苗，即栽植前期的作业都在控制范围内进行，从而减少不可控因素的影响，便于精细化农业技术的实施。在可控范围内，采用先进技术对苗株生长所需的温光水肥等进行控制，达到精确控制种子的发芽、苗株生长，培育出生长健壮，外形整齐的幼苗，

将这样的幼苗移植大田,保证了苗株个体一致性,便于田间管理,同时避免了大苗欺小苗现象的发生,为作物增产打好基础。

育苗移栽的效益是可观的,但是,目前育苗移栽技术的综合经济效益并不显著,给应用推广造成了困难。主要有以下几方面原因:

① 育苗管理技术落后。育苗及苗期作业管理几乎都是手工作业,生产规模小,机械化程度低,育苗成本高。

② 育苗移栽技术落后。育苗移栽高产栽植期仅为 10 ~ 15 天,依靠人工移栽,时间紧迫,费工费时,劳动强度大,综合效率低。

③ 综合经济效益受限。移栽技术可达到增产效益目的,但栽植主要靠手工作业,需要大量劳力和物力,生产率低,生产成本增加。

④ 劳动力结构变化。城镇化进程快速推进,农村青壮劳动力流失严重,种植农户兼业化,老龄化突出,阻碍种植规模化发展。

4.1.2 国内外移栽机械化发展现状

20 世纪 20 年代初期,国外就研制出结构简单的幼苗栽植机具;20 世纪 30 年代出现手工喂苗的栽植机构,使送秧入沟过程实现机械化;20 世纪 50 年代研制出结构多样的半自动移栽机和制钵机;到了 20 世纪 80 年代半自动移栽机产品在欧美国家得到了广泛的推广和使用。目前,欧洲在蔬菜育苗土钵成型,钵上单粒精密播种和自动移栽机械设备等技术上已较完善,并应用于实际生产中,诸如法国、德国、荷兰、西班牙、意大利、丹麦等国,大部分的蔬菜和几乎所有大地花卉生产都实现了育苗工厂化和移栽机械化。近年来,欧美国家针对大型农场种植需要,集成液压、气动结合自动控制技术开发了多种大型全自动移栽机,工作效率很高。例如,美国 Renaldo 的空气整根型全自动蔬菜移栽机,澳大利亚的 HD144 四行和六行全自动移栽机,英国皮尔逊 Pearson 的多行全自动移栽机,意大利的 Ferrari 的 Futura 系列全自动移栽机等。

日本由于劳动力短缺,移栽机械发展较快。20 世纪 80 年代,日本 90% 的甜菜已经实现了移栽种植,到 20 世纪 90 年代初期,日本开发出了可用于卷心菜、大白菜穴盘钵苗和纸钵苗移栽的自动移栽机。近年来,日本已经开发了几种较为成熟机型,如久保田的 SKP - 100MPC 自动移栽机,日本洋马的 PF2R 自动移栽机,东风井关的 PVHR - E18 的自动移栽机等。日本多为小地块种植,自动移栽机也多为小巧灵活,多采用 1 次取 1 株的模式,效率相对欧美全自动移栽机低。

我国的移栽机研究始于 20 世纪 60 年代对棉花钵苗和甘薯幼苗的移栽试验研究,20 世纪 70 年代开始研制甜菜裸根苗移栽机,20 世纪 80 年代研制成功半自动蔬菜移栽机。由于当时的移栽机研究农机和农艺明显脱节,忽略了综合经济效益,更没有科学地分析育苗移栽机械化过程的种种技术难题，从而使机械移栽技术一度搁浅。近年来，随着土地集约化，劳动力成本增加，机械移栽研究再次成为科研和生产部门关注的问题，并取得了较大的进展。国内研究者通过引进国外技术，结合国内移栽农艺，经过不断的试验和改进，已经开发出一批功能完善、性能可靠的半自动移栽机械，如现代农装科技股份有限公司的 2ZY 系列半自动移栽机，青州华龙机械科技有限公司的 2ZBLZ 系列半自动移栽机等。但是国内目前以半自动移栽机为主，全自动移栽机尚处于研究和试验样机阶段，市场未见成熟产品。

4.1.3　国内移栽机械存在的主要问题及发展方向

（1）存在的问题

① 生产效率低，综合效益不突出

目前，国内移栽机以半自动为主，对操作人员要求较高。人工喂苗时，需要精力集中，放苗准确、迅速，否则易出现缺苗、漏苗，长时间连续作业造成人员疲劳，限制了机具的连续作业。同时，受人工喂苗速度影响，作业效率只相当于人工的 5 ~ 15 倍左右，远低于耕整、收获等机械相对于人工作业的效率，故而综合效益的优势不是很明显。这些在一定程度上制约了用户使用的积极性。

② 生产制造水平较低，质量稳定性差

目前国产半自动移栽机在技术上与国外进口移栽机不相上下，但移栽机具多为作坊式生产，生产制造水平较低，可靠性差，故障率高，也制约了本土移栽机具的推广。

③ 育苗、整地技术落后，农机与农艺脱节

我国许多机械移栽技术是从借鉴发达国家先进技术研发出来的，发达国家与移栽相配套的育苗技术、整地技术已非常成熟。而我国与移栽相配套的育苗设施和整地机械较薄弱，技术相对落后，制约了移栽机的推广。此外，国内移栽作物的土壤环境千差万别，种植制度复杂多样，田块以小而分散居多，严重制约了移栽机的适用性。

（2）发展趋势

随着我国土地流转和农村劳动力转移，农村劳动力短缺已成为必须面对的问题。加强幼苗自动输送、自动取投苗技术等的研究，研制性能优越、价格合理的高速移栽机将是今后国内旱地移栽的发展趋势。

半自动移栽机在国内市场还将占据很高的份额，而且还会存在较长时间。半自动化移栽机虽需较多辅助人员，但其适应性较好，使用方便，比较适合当前国情。因此，半自动机具在向全自动机具过渡过程中，提高作业机具生产率，完善其作业性能和可靠性，开发配备覆膜、铺管、施肥、栽植、覆土、浇水等装置的多功能移栽机也是当前半自动移栽机需解决的重点问题。

4.2 蔬菜栽植农艺要求

4.2.1 蔬菜栽植特点

(1) 蔬菜种类繁多

我国蔬菜栽培历史悠久、品种繁多,全国栽培的蔬菜约有100多种。根据植物学形态、生长特性,我国的主要蔬菜分为根菜类、薯芋类、葱蒜类、白菜类、芥菜类、甘蓝类、绿叶菜类、瓜菜类、茄果类、豆类、多年生蔬菜、水生蔬菜及野生蔬菜等。

(2) 栽培方式复杂

蔬菜栽培方式复杂多样。目前蔬菜种植分大田种植、保护地种植和设施种植,主要栽培方式有种子直播和育苗移栽,移栽又分为露地移栽和铺膜移栽。同一蔬菜因种植季节和区域不同栽培方式也会有所不同。

(3) 轮作倒茬频繁

为了提高单位面积蔬菜产量,同时由于一些蔬菜生长期短,蔬菜在周年内的复种指数高,轮作倒茬频繁。

(4) 间作、套种普遍

蔬菜间作、套种不仅能充分利用地力增加蔬菜上市品种,还能提高单位面积产量。因此,蔬菜间作、套种不仅普遍,而且形式多样,如生长期长的品种和生长期短的速生菜进行间作、套种,高、矮蔬菜间作或套种,还有菜粮、菜果间作。

(5) 水肥足、管理细

与大田或果树等作物相比,蔬菜栽培管理精细,水肥充足。

4.2.2 蔬菜移栽方法及农艺要求

(1) 土壤整备

土壤耕作的目的是疏松土壤,恢复土壤的团粒结构,以便积蓄水分和养分,覆盖杂草、肥料,防止病虫害,为蔬菜的生长发育创造良好条件。在常年种植蔬菜的地区,秋季结束蔬菜收获后,要及时清除残株、落叶和落果。土壤含水率30%以上时不适宜机械移栽作业,土壤含水量为25%~30%时最适宜机械移栽,且移栽机械的各工作部件不宜黏土。土壤含水率在25%以下,机械移栽时要浇水。蔬菜种植应选择排灌方便、肥沃的优质地块。移栽前平整地块,施入底肥,并作畦或起垄。移栽前7~10天整地,施足基肥,基肥施入后要充分与土壤混匀,整平打碎并作畦或起垄。作畦或起垄的目的是有效控制浇水,利于排水,便于田间农事操作和进一步改善土壤环境。

(2) 育苗类型

育苗类型从育苗方式可以分为苗床育苗、漂浮育苗、纸筒育苗和穴盘育苗等，如图4-1所示。

(a) 苗床育苗　(b) 漂浮育苗

(c) 纸筒育苗　(d) 穴盘育苗

图4-1　常见育苗类型

苗床育苗是在特定的环境和营养中培育幼苗，是指在苗圃、温床或温室里培育幼苗，然后移植大田栽种。苗床育苗属于传统育苗范畴，具有育苗设施简单，育苗综合成本低，营养土要求宽松，幼苗生长一致性较差，幼苗病虫害管理困难等特点。苗床育苗营养土基料选择较广泛，如细河沙、锯木屑、泥炭、水稻谷壳、甘蔗渣、沙壤水稻土、森林腐殖质土等。苗床制备对营养土要求疏松透气，具有较强的保水保肥能力，营养元素基本充足，育苗过程可以随时追补施肥。苗床育苗成本低，比较适合小型个体农户育苗需求。苗床育苗、起苗为裸根幼苗，不利于输送，不适合高速蔬菜机械化移栽作业。

漂浮育苗又称作漂浮种植，是将添加有泥炭、蛭石等无土栽培基质的泡沫穴盘漂浮于水面上，种子撒播于基质中，幼苗在育苗基质中扎根生长，并通过育苗盘底部留出的小孔吸收水分和养分的育苗方法。漂浮育苗相较传统育苗具有明显优势，可以减少移栽用工，节省育苗用地，便于幼苗管理，利于培育壮苗和提高成苗率。漂浮育苗多用于生长期较短的绿叶类蔬菜、烟草等作物，能够保证作物生长的一致性，避免传统栽培方法引起土壤病虫害等问题。

纸筒育苗主要是指使用特定的纸质材料制成的柱形或其他多边形纸容器，用营养基质土填充后，再将种子撒播于基质中，幼苗在纸钵中生长的一种育苗方法。常见的育苗纸筒主要有单体柱形纸筒和蜂窝纸筒，蜂窝纸筒是使用水溶胶等黏结剂将多个单体多边形纸筒黏合在一起制成的一组育苗容器。纸筒育苗使用育苗纸制成，根据不同育苗需求选取不同降解特征的纸材，育苗基质来源广泛，具有成本低、轻便、适合机械化移栽作业等优点。纸筒育苗日前主要用于甜菜的机械化移栽。

穴盘育苗采用人工或机械播种，具有一次成苗，方便标准化管理，出苗整齐，易保证植物生长的一致性，移栽时不损伤根系，缓苗迅速，成活率高等综合优势，是目前旱地蔬菜移栽采用的主要育苗方式。穴盘是穴盘苗生长的护根容器，穴盘苗的整个培育过程均在穴盘中完成。制造穴盘的材料一般有聚苯泡沫、聚苯乙烯、聚氯乙烯和聚丙烯等，制造方法有吹塑的，也有注塑的。国内的蔬菜和观赏类植物育苗穴盘是用聚苯乙烯材料制成，穴盘外形尺寸一般为 540 mm × 280 mm，因穴孔直径大小不同，孔穴数在 18 ~ 800 之间，栽培中、小型种苗，以 72 ~ 288 孔穴盘为宜。育苗穴盘的穴孔形状主要有方形和圆形，方形穴孔所含基质一般要比圆形穴孔多 30% 左右，水分分布亦较均匀，种苗根系发育更加充分。白色的聚苯泡沫盘反光性较好，多用于夏季和秋季提早育苗，有利于减少小苗根部热量积聚，而冬季和春季选择黑色育苗盘，因其吸光性好，对小苗根系发青有利。

育苗系统必须与机械移栽系统相适应。育苗时期和移栽前要注意炼苗，确定适宜的苗龄和与之相适应的温光水肥，控制幼苗不要疯长，以提高幼苗的抗逆性和韧性。不同种类蔬菜幼苗的培育苗龄与叶数关系见表 4-1，根据具体农艺要求确定适栽苗龄（地域不同，季节不同，苗龄可能会有所差异）。

表 4-1　不同种类蔬菜幼苗的培育苗龄与叶数关系

种类	苗龄/天	叶数/片	穴盘/孔
黄瓜	25 ~ 30	3 叶 1 心	72
西葫芦	25 ~ 30	3 叶 1 心	72
番茄	60	6 ~ 7 叶	72
茄子	80	6 ~ 7 叶	72
辣椒	70	8 ~ 9 叶	72
白菜	18 ~ 20	4 ~ 5 叶	128
甘蓝	60	5 ~ 6 叶	128

在进行机器自动移栽时，对育苗质量提出更高要求，以提高取苗成功率。例如，对于穴盘苗，要求幼苗粗壮一致，苗高一致，无倒伏、无黄叶、虫害；根系粗壮，将

基质紧紧缠绕,形成完整根坨,顶出或拔出幼苗时,不散根,幼苗基质上端低于穴盘上表面,以免有窜根现象,幼苗苗茎尽量居于穴格中央等。

(3) 种植时间

不同蔬菜品种对温度有不同的要求,根据蔬菜喜热、喜寒和生长期长短的特点,决定它们的栽种时间。据经验,常见种植蔬菜分类见表4-2。

表4-2　常见种植蔬菜分类

蔬菜习性	常见蔬菜品种
喜热型不经霜打的蔬菜	番茄、茄子、青椒、甘薯、黄瓜、空心菜、苦瓜、葫芦、南瓜、西瓜等
喜寒型不耐热的蔬菜	大白菜、萝卜、芥菜、甘蓝、卷心菜、芹菜、小白菜、生菜、莴苣、甜菜、洋葱等
耐寒型可在地中过冬的蔬菜	豌豆、油菜、芦笋、荠菜等

一般,喜热型蔬菜需在春季解霜,天气转暖,气温稳定后进行栽种。

喜寒型蔬菜,在无霜区域,秋冬季均可栽种;有霜区域,需在夏末秋初栽种,以保证在降霜前成熟;在寒冷地区,春季也可栽种。

耐寒型蔬菜,幼苗期间非常耐寒,但需要温暖的天气才能长大成熟,因此需要在初霜前栽种,使其长出幼苗过冬,而等来年初春天气转暖后继续生长。

蔬菜栽种期较短,通常不超过2周,提前或推迟对产量会造成一定的影响。

(4) 移栽

应根据蔬菜品种和地区科学计算植株数,确定移栽株行距,均匀种植,移栽深度也应根据作物的生长特性要求严格控制。此外,在大风、干燥地区,移栽后要尽快给水或在移栽同时浇定根水以保证成活率。

下面介绍几种常见蔬菜的栽植农艺要求。

① 辣椒

辣椒根系弱,入土浅,生长期长,结果多,选择地势高,土层深厚,排水良好,中等以上肥力的砂质壤土栽培为好。通常移栽行距为30～45 cm,株距为18～30 cm,栽植密度根据品种、区域和气候而异,土壤肥力差的适当密植。当出苗4～7叶时即可起苗移栽,漂浮育苗和营养块(球)育苗可在4～5叶时移栽,撒播育苗宜在6～7叶时移栽。起苗时防止伤根,先除去病菌、弱苗、杂苗,带土移栽。

② 甘蓝

甘蓝属喜寒不耐热型作物,不同地域气候各异,以京津地区为例,为了保证产量,冬甘蓝一般在冬至前定植,定植太晚易遭遇严寒而发生冻害。定植前要精细整地。鸡心、牛心等尖头型品种可在11月中下旬定植,京丰一号等平头型品种可在12月上旬定植。一般每公顷45 000～49 500株。要做好轮作,与非十字花科实行

2 年以上轮作。早甘蓝在 4 月中、下旬定植，定植时地温要求在 5 ~ 8℃。定植前 7 ~ 12 天对苗要进行低温炼苗，使之适应外界条件。合理密植，保苗 6 万株/公顷左右，应采用地膜覆盖利于早熟，6 月中旬收获。中甘蓝一般在 5 月中、下旬定植，7 月中、下旬收获，不用覆地膜，保苗 45 000 株/公顷左右。

③ 花椰菜

花椰菜又名菜花，对土壤适应性强，为需肥多型蔬菜，在整个生长期需充足的氮素营养，花芽分化后，对磷、钾的需求相对增加。播种期确定根据不同品种和定植期来决定，一般苗龄 25 ~ 35 天、真叶 5 ~ 6 片就可以定植，切忌苗龄不宜过长，以免花球早现。整地后定植，一般早熟品种每公顷应在 37 500 ~ 45 000 株，中晚熟品种应在 33 000 ~ 37 500 株。

④ 番茄

露地春番茄栽培的适宜苗龄为 50 ~ 70 天，即定植前 50 ~ 70 天要进行播种。北方地区，春茬番茄 2 月下旬 ~ 3 月上旬在保护地内播种育苗，5 月上旬晚霜过后定植在露地。苗期要加强管理，培育壮苗。壮苗标准：4 叶 1 心，株高 15 ~ 20 cm，下胚轴 2 ~ 3 cm，茎粗一般在 0.5 ~ 0.8 cm，节间短，呈紫绿色；叶片 7 ~ 9 片，叶色深绿带紫，叶片肥厚；根系发达，植株无病虫害，无机械损伤。番茄不宜连作，要与非茄科作物进行 2 ~ 3 年的轮作。栽培番茄的地块，最好进行 25 ~ 30 cm 深的秋翻。畦栽一般是高畦栽植，畦宽约 1.0 ~ 1.3 m，南北走向。

春番茄一般在当地晚霜期后，即耕层 5 ~ 10 cm 深的地温稳定超过 12 ℃时定植，如遇到大风阴雨等不良天气，可适当延迟定植。

露地番茄定植密度主要考虑品种、生育期长短及整枝方式等因素。早熟品种一般每公顷栽 45 000 ~ 90 000 株，中晚熟品种一般每公顷栽 52 500 株左右，中晚熟品种双干整枝，高架栽培每公顷栽 30 000 株左右，早熟品种一般采用畦作，畦宽 1 ~ 1.5 m，定植 2 ~ 4 行，株距 25 ~ 33 cm，晚熟品种采用畦作，畦宽一般为 1 ~ 1.1 m，每畦栽 2 行，株距 35 ~ 40 cm，采用垄栽一般垄距为 55 ~ 60 cm，株距 35 ~ 40 cm，每公顷栽52 500 株左右。栽植深度以土坨和地表相平或稍加深一些为宜。

⑤ 生菜

生菜定植前一天苗床内浇水，起苗时要带土，以免伤根。生菜定植宜选晴天上午进行，一般直立生菜和皱叶生菜株行距各 17 ~ 20 cm，结球生菜株行距各 25 ~ 30 cm，栽植深度没过基质即可。

生菜 4 ~ 6 片真叶期即可移栽，春秋苗期控制在 30 天左右；夏天苗期控制在 25 ~ 30 天；冬天苗期控制在 80 ~ 90 天。定植前一天将苗浇透水，便于移栽起苗和定植。定植株行距 0.2 m × 0.2 m，应带土移栽，定植深度以埋住根为宜，不可埋住心叶，定植密度 165 000 ~ 180 000 株/公顷。定植前细致整地，施足基肥，使土层疏松，以利根系生长和须根吸收肥水。早熟种采用双行栽植，行距35 cm，株距25～30 cm，每公顷植60 000～75 000株，中熟种及晚熟种适当疏植，以便充分生长。可采用高畦栽培，行距40 cm，株距30～35 cm，每公顷45 000～55 500株。定植后3～4天，每天早、晚适量浇水以提高成活率。若发现缺株，应及时补苗。

⑥ 白菜

播期是决定春白菜栽培成败的关键。春白菜播期越早，抽薹的可能性越大。播种越晚，包心期天气热，雨水偏多，不利于包心，并且病虫害现象严重。由于春季气候变化大，且年度间有较大的差异，应根据当地气候条件，尤其是当年的气象预报，科学确定播期。一般可根据定植后莲座期气温12 ℃以上，结球期18 ℃以下的原则确定播期。

白菜栽培以垄作为主，以青岛地区种植为例，移栽垄距65～70 cm，垄高15 cm左右，土垄上宽20 cm，下宽35～40 cm，呈自然斜坡形上垄作。机械移栽时如土壤含水量在25%以下，要同时注水。有灌溉条件的地方，移栽时可不浇水，但移栽结束的当天必须灌水，缩短缓苗期，提高幼苗的成活率。

4.2.3　蔬菜栽植环节农机与农艺结合

农艺是进行农业生产过程及整个过程中展示出的工艺和相关操作技术；农机对应的是农业机械化器具及其生产技术技能。农艺是农业发展的基础，农机是实现现代高效农业的关键。农机与农艺相结合是发展现代农业的必然要求，二者相辅相成，充分融合，将最大程度发挥农业机械化优势，有效改善生产力，达到增产增收，提效降本的目的。

我国地域辽阔，气候殊异，种植农户在不同的生态和经济条件下，因地制宜采用了不同种蔬菜栽培形式：轮作/间作、平作/垄作、宽幅/窄幅、有/无覆膜、直播/移栽、裸根/钵苗及不同的栽植株距、行距等。以内蒙古通辽市开鲁县东风镇道德村红干椒种植基地为例，当地地处北纬42°～45°，东经119°～123°，全年无霜期较短，昼夜温差变化较大，常年多风沙，年平均降雨量较少，农户为适应红干椒种植，减少冻害和杂草侵害，提早上市时间，增加红干椒的综合经济收益，形成了施肥—整地—覆膜—滴灌—人工移栽的红干椒平作窄幅农艺生产模式。结合红干椒的种植农艺需求，当地引进了铺管施肥铺膜一体机（见图4-2）。该机作业时，滴灌带随地膜一次作业平铺于地面，滴灌带位于地膜中间，地膜两侧在覆土盘作用下覆土压膜稳固，自带的膜上打孔器按照固定的预定株距在铺膜的同时完成打孔。幼苗移栽前，需提前接通滴灌带将待栽区土壤湿润，后续人工依照膜上孔穴进行移栽，移栽完成后再次接通滴灌带进行后续滴灌，为定植后的幼苗及时提供充足水分。这种生产方式中农机结合了种植农艺需求，但人工移栽劳动强度大，效率较低，遇红干椒种植季,常出现“用工荒”的窘境。为此,结合该地农户种植农艺要求,现代农装科技股份有限公司对2ZBX－2型半自动移栽机进行了改进(见图4-3)。该移栽机集成铺膜、铺管、施肥、移栽一体化作业,依据不同农户对栽植农艺的不同需求,能通过更换链轮调整移栽株距,更换配套栽植器主轴适应不同栽植行距需求。该机器选用钵苗移栽,幼苗下落依靠自重作用,有助于稳定落苗,保证机栽的稳定性。钵苗定植后,由于基质块含有一定的水分和营养质,缩短了缓苗期,增加了壮苗率。但机器移栽作业时,土壤含水率不能太高,因此不能像人工移栽作业前那样先进行滴管,须移栽后再适时给水。为解决及时供水这一问题,采取增加并联供水阀门的措施或多台机器同时作业以缩短供水期的方案。为了更好地发挥移栽机具的优势,结合移栽机的最佳栽植株距、行距和适应地膜宽度,适当调整了原有栽植行距、株距及用膜。基于农艺种植要求研发相应的农机具,配合农机具栽植特点改进种植农艺,农机与农艺的相互融合,提高了作业效率,栽植一致性好,推进了当地规模机械化种植。

图4-2　铺管施肥铺膜一体机

图4-3　2ZBX－2型半自动移栽机作业现场

4.3　蔬菜移栽机械

蔬菜移栽机按栽植器型式可分为钳夹式移栽机、导苗管式移栽机、挠性圆盘式移栽机、吊杯(鸭嘴)式移栽机等。

4.3.1　钳夹式移栽机

钳夹式半自动移栽机又分为圆盘钳夹式和链钳夹式,其工作过程和性能相似,主要工作部件有开沟器、栽植圆盘(或环形栽植链)、传动机构、覆土镇压轮等,其结构如图4-4所示。幼苗钳夹安装在栽植圆盘或环形栽植链条上,工作时,由操作人员将幼苗逐棵放置在钳夹上,幼苗被夹持并随圆盘或链条转动,当幼苗到达与地面垂直位置时，钳夹打开，幼苗落入苗沟内，随后幼苗在回流土和镇压轮的作用下定植，完成移栽过程。

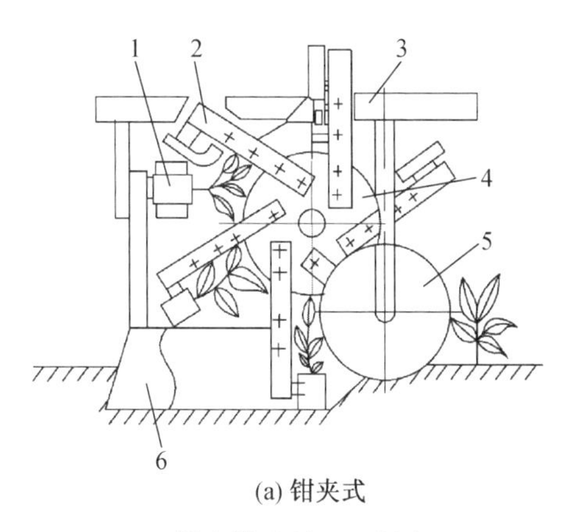

(a) 钳夹式

1—横向输送链；2—钳夹；3—机架；4—栽植盘；5—覆土镇压轮；6—开沟器

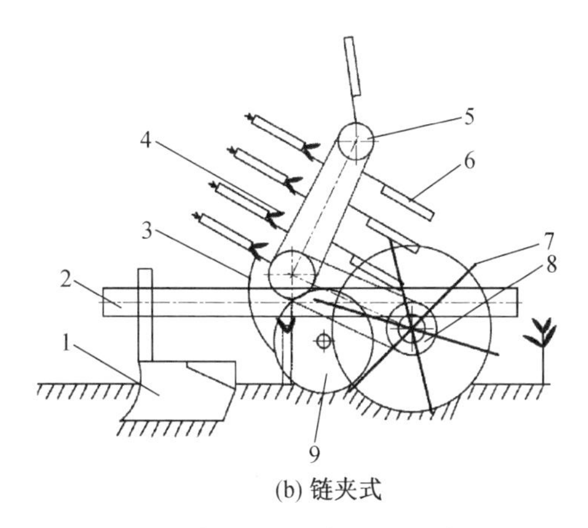

(b) 链夹式

1—开沟器；2—机架；3—滑道；4—幼苗；5—环形栽植链；6—钳夹；7—地轮；8—传动链；9—覆土镇压轮

图4-4　钳夹式栽植器结构示意

这种移栽机型的优点：① 机器机构简单，经济性高；② 幼苗栽植的株距和深度稳定；③ 幼苗喂、送较稳定可靠；④ 适合裸根苗和细长苗移栽。缺点主要有：① 不太适合钵苗移栽；② 钳夹易伤苗；③ 需喂苗人员精神高度集中，易出现漏苗、缺苗等现象；④ 不能进行膜上移栽。

代表机型：意大利 Checchi & Magli 公司的 FOXDRIVE 系列钳夹式移栽机；意大利 FEDELE 公司的 PLANT 系列移栽机；日本久保田 Kubota 公司的 A－500 移栽机；美国生产的 Dzchc－Dip 移栽机等。钳夹式移栽机机型如图4-5所示。

(a) Checchi & Magli的FOXDRIVE系列移栽机

(b) FEDELE生产的PLANT 2型移栽机

图4-5　钳夹式移栽机

4.3.2 导苗管式移栽机

导苗管式半自动移栽机主要由喂入器、导苗管、扶苗器、开沟器、覆土镇压轮和苗架等工作部件组成,采用单组传动,其结构如图 4-6 所示。工作时,由人工将作物幼苗放入喂入器的接苗筒内,当接苗筒转动至导苗管喂入口上方时,接苗筒打开,幼苗靠重力落入导苗管内,沿倾斜的导苗管下落至开沟器开出的苗沟内,然后进行覆土、镇压,完成移栽过程。

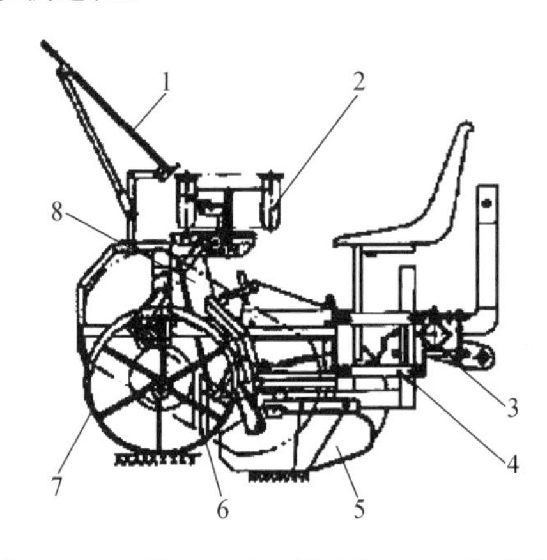

1—苗架;2—喂入器;3—平行机大梁;4—四杆仿形机构;
5—开沟器;6—栅条式扶苗器;7—覆土镇压轮;8—导苗管

图 4-6 导苗管式半自动移栽机结构示意图

这种移栽机型优点:① 栽植株距调节灵活,可实现小株距移栽;② 不易伤苗;③ 对幼苗没有特殊性要求,适应性较强。缺点主要有:不能进行膜上移栽,无法在干旱缺水地区推广。

代表机型:意大利 Checchi & Magli 公司的 TEX 系列移栽机;意大利 Ferrari 公司的 F · MAX 系列移栽机;意大利 FEDELE 公司的 FAST 系列移栽机;中国曲靖烟草公司生产的 2YZ－1 型烟草移栽机等。导苗管式移栽机如图 4-7 所示。

(a) Checchi & Magli公司的MINI-TEXT移栽机

(b) Ferrari公司的MAX系列移栽机

图 4-7 导苗管式移栽机

4.3.3　挠性圆盘式移栽机

挠性圆盘式移栽机主要工作部件有输送带、开沟器、挠性圆盘、镇压轮等,结构示意如图 4-8 所示。工作时,操作人员通过输送装置或直接将苗放入挠性圆盘中。当挠性圆盘带苗转动至苗沟底部时放苗,在镇压轮和回流土的作用下完成定植。

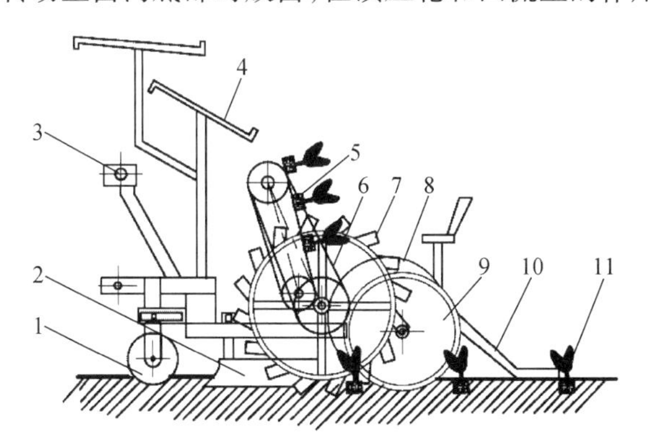

1—幼苗钵托;2—镇压轮;3—挠性圆盘;4—地轮;5—开沟器;6—机架;7—牵引梁

图 4-8　挠性圆盘式半自动移栽机结构示意

这种移栽机型的主要优点是:① 机器结构简单,制作挠性圆盘的材料一般为橡胶或者薄钢板,成本较低;② 夹持幼苗可以不受钳夹或链夹数量的限制,对株距的适应性较好;③ 可满足小株距要求的移栽作业;④ 适合裸根苗和小基质块苗的移栽。缺点是:① 圆盘使用寿命不长;② 幼苗栽植株距和深度不稳定;③ 不能用于膜上移栽作业。

代表机型:日本久保田 Kubota 公司的 CT－4S 型甜菜移栽机;日本丰收产业公司的 OP290 和 OP2100 白葱移栽机;德国 PRIMA 公司的钵苗移栽机等。挠性圆盘式半自动移栽机机型如图 4-9 所示。

图 4-9　挠性圆盘式半自动移栽机

4.3.4 吊杯式移栽机

吊杯式半自动移栽机主要工作部件有传动装置、吊杯栽植器、压实轮等，如图4-10所示。作业时，操作人员将苗逐棵放入投苗筒内，当苗随投苗筒转动至落苗点时，苗落下吊杯中。栽植器采用双圆盘平行四杆机构或行星轮系传动，保证吊杯尖端始终朝下。吊杯带苗运动至地面时，吊杯尖破土打穴，吊杯底部打开，将苗摆放至穴中，幼苗在回流土及压实轮的作用下完成定植。

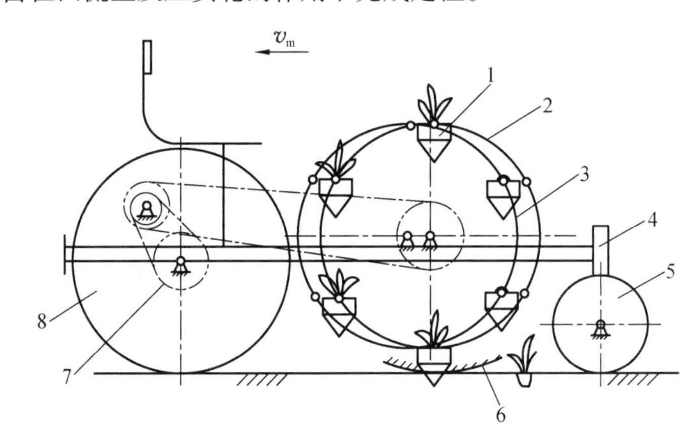

1—吊杯栽植器；2—栽植圆盘；3—偏心圆盘；4—机架；
5—覆土镇压轮；6—导轨；7—传动装置；8—地轮

图4-10 吊杯式半自动移栽机结构示意

这种类型移栽机的优点有：① 圆盘可同时布置多组栽植器，提高栽植效率；② 移栽过程中吊杯仅对幼苗起承载作用，不施加夹紧力，基本不伤苗，尤其适合根系不发达且易碎的钵苗移栽；③ 栽植器可插入土壤开穴，适合膜上打孔移栽；④ 吊杯在栽苗过程中起到稳苗扶持作用，幼苗栽后直立度较高。其缺点有：① 膜上移栽时，前进速度过快，易出现撕膜现象；② 结构相对复杂，成本较高；③ 不适用于小株距要求的移栽。

代表机型：意大利 Checchi & Magli 公司的 B24 - B27 - B30 系列吊杯式移栽机；美国 Holland 公司的吊杯式移栽机；Hortech 公司的 OVER + OVER PLUS 移栽机；中国农业机械化科学研究院研制的 2ZY - 6A 型蔬菜移栽机等。吊杯式移栽机机型如图 4-11 所示。

(a) Checchi & Magli公司的B24移栽机

(b) 中国农机院研制的2ZY-6A移栽机

图 4-11　吊杯式移栽机

另一种吊杯式移栽机，也称鸭嘴式移栽机，采用杆件结构结合链齿传动带动鸭嘴栽植器按照“腰果形”轨迹做往复运动。这种运动轨迹利于延长接苗时间，保证零速投苗，提高直立度，但此种结构一般 1 行仅能布置 1 组栽植器，高速作业时会有较大振动。代表机型有：日本久保田的 SKP－100TC、KP－200 蔬菜移栽机；山东青州华龙机械有限公司的 2ZKSM－1A 多功能移栽机等。鸭嘴式移栽机机型如图 4-12 所示。

(a) 久保田SKP-100TC移栽机

(b) 青州华龙2ZKSM-1A移栽机

图 4-12　鸭嘴式移栽机

4.3.5　全自动移栽机

国内移栽机主要以半自动为主。半自动移栽机作业时由人工取苗、喂苗，作业人数多，劳动强度大，效率低，即使在移栽苗状态较好时，人工喂苗的频率也仅为 25～40 株/min，效率提升有限，机械及经济效益不明显。实现自动取投苗功能，发展具有高速、高效特点的全自动移栽机成为主要研究方向。

欧美国家的全自动移栽机研究起步较早，也相对成熟，部分全自动移栽机已有较好的推广。穴盘苗具有管控方便，适合机械化移栽等综合优势，被作为全自动移栽机主要作业对象。穴盘苗全自动移栽机的取苗方式主要有：① 迎苗扎取式，这种取苗方式对育苗时种子的对中性要求高，苗针空间具有要求，不适合小穴格作业；② 顶出输送式，这种取苗方式在幼苗输送过程中速度、空间等不定因素较多，输送主动加持容易伤苗;③ 顶出夹取式,这种取苗方式不容易伤根、伤叶,比较适合中、小规格穴盘苗的移栽,但因穴盘底孔直径小,对苗盘输送的精准度要求较高。欧美全自动移栽机的代表机型有:意大利 Ferrari 的全自动移栽机;澳大利亚 Williames 的全自动移栽机;英国 Pearson 的全自动移栽机等。这些移栽机大都是较大型,采用工业化生产模式,尤其适用平坦大地块的规模化生产。技术上集成液压、气压、多传感器技术和自动控制技术等,机器的自动化、智能化水平较高。基本采用成排取苗,多行作业方式,大大提高了生产效率,同时,仅需单人将苗盘送至输送位置,机器自动执行后续动作,大量节省了劳动力,满足现代农业化生产需要。这些机器大都结构复杂,价格昂贵,且仅能用于露地移栽,不适合我国农艺及覆膜移栽的需求。

(1) 欧美农业发达国家全自动移栽机

① Williames 全自动移栽机

Williames 全自动移栽机为澳大利亚 Williames Pty Ltd 公司所生产。这种移栽机作业时,取苗单元先将幼苗从穴盘中成排顶出后转移至栽植器,然后定植大田,栽植效率达 2 株/s。机具自动化程度高,一人可负责 16 行移栽作业的供苗,降低了劳动成本。机器集成多传感器技术,具有空穴检测,苗床镇压仿形,株距、栽深精确控制等特点。Williames 16 行全自动移栽机如图 4-13 所示。

图 4-13　澳大利亚 Williames 16 行全自动移栽机

② Futura 系列自动移栽机

Futura 全自动移栽机由意大利 Ferrari 公司生产。移栽机作业时采用成排顶出夹取方式取苗,取苗单元效率达 8 000 株/h。机器对不同规格苗盘具体较好的适应性,具备缺苗检测,栽植器浮动仿形,可适应多种土壤,株距、栽深可控,适用与平地、坡地种植条件等特点。Futura 全自动移栽机如图 4-14 所示。

图 4-14　意大利 Ferrari 公司 Futura 全自动移栽机

③ Pearson 自动移栽机

Pearson 自动移栽机由 Dobmac Agricultural Machinery 公司生产。机器作业时，成排取苗爪将幼苗从水平放置的穴盘中成排取出并转移至导苗管式栽植器进行定植，栽植作业效率可达 4 株/s。这种机型高度集成多传感器技术和自动控制技术，围绕"幼苗全程可控"原则，取苗时不仅能够进行缺苗检测，而且融合柔性取苗技术，能有效避免苗爪对幼苗茎叶的损伤。同时，设计兼有浮动仿形，栽深、株距控制，适应平地、坡地，不同土壤条件移栽等特点。Pearson 自动移栽机如图 4-15 所示。

图 4-15　英国 Pearson 自动移栽机

（2）日本自动移栽机

日本是农业机械化及自动化水平很高的国家之一，其生产的旱地自动移栽机具代表了亚洲最高水平。日本多为小地块种植，自动移栽机也多小巧灵活，生产的机型多采用可卷曲苗盘的幼苗进行移栽，作业时由操作人员将苗盘放入苗盘输送架，移栽完毕后空盘可随输送系统输出。取苗方式上多采用迎苗扎取形式，取苗机构一般采用多连杆机构结合链齿传动，形成特定的往复运动轨迹，将幼苗从穴盘中取出并投入栽植器。这种机型整机体积较小，机动灵活，适用于丘陵、小地块作业。

一般1行只配置1套取苗机械手，1次只取1株苗，作业效率相对欧美全自动蔬菜移栽机低，约为3 000株/(行·h)。

① Yanmar乘坐式自动移栽机

Yanmar的PF2R乘坐式自动移栽机是由日本洋马株式会社生产的一款乘坐式自动移栽机。这种形式的移栽机采用4轮液压驱动，行进速度两挡可调，能够适应多种栽植行距、株距和栽植深度要求的移栽，适用128穴和200穴可卷曲苗盘。PF2R自动移栽机如图4-16所示。

图4-16 Yanmar的PF2R乘坐式自动移栽机

② Kubota手扶式自动移栽机

Kubota的SKP－100MP自动移栽机是日本久保田株式会社生产的一款手扶式自动移栽机。这种类型的移栽机设计作业速度两挡可调。移栽机采用油压式升降能自动保持机体水平，具有株距可调，栽深自动控制，可用于平地及小坡地移栽的特点。日本久保田SKP－100MP自动移栽机(见图4-17)适用于128穴和200穴两种规格苗盘。

图4-17 Kubota的SKP－100MP自动移栽机

(3) 国产自动移栽机

近年来,我国一些企业及科研院校在消化吸收国外先进自动移栽技术的基础上,结合国内种植农艺的要求,开展了蔬菜穴盘苗全自动移栽机关键技术研发,先后研制了多款全自动移栽机,如山东宁津县金利达机械制造有限公司研制的2ZBZJ-2型自走式自动移栽机;江苏大学农业装备工程研究院采用乘坐式插秧机底盘,成功研发出2行、4行全自动移栽机;重庆万而能农业机械有限公司利用人工辅助取苗方式,也研制了一款自动移栽机械。这些机型的结构参数见表4-3。

表4-3 部分国产自动移栽机

制造商	江苏大学农业装备工程研究院	宁津县金利达机械制造有限公司	重庆万而能农业机械有限公司
样机图片			
结构类型	自走式	自走式	牵引式
适合作物	茄果类、叶菜类蔬菜	蔬菜、烟叶等	蔬菜、烟叶等
栽植行数	2行、4行	2行	2行
栽植株距/mm	280~400	≥180	180~350
栽植频率	2 700~4 500株/(行·h)	≥2 800株/(行·h)	≥3 600株/(行·h)
行距/mm	400~600	330~350	300~450
秧苗种类	穴盘苗	穴盘苗	穴盘苗
技术原理	采用整排取苗、间隔投苗原理,取苗、丢苗、分苗动作由电气控制;气动多针式取苗爪插入钵体夹取穴盘苗,行星轮鸭嘴式栽植器打穴栽植	取苗、丢苗动作由电气控制;栽植器类型为吊杯式;取苗爪夹取苗茎进行取苗	由人工将取苗器深入穴盘苗间,利用螺旋机构将钵苗的茎干夹住并进行人工提苗,然后将取苗器收回至喂苗盒上方,再次利用螺旋机构松开钵苗进行丢苗;栽植器类型为吊篮式

第 5 章 蔬菜田间管理机械化技术与装备

5.1 蔬菜田间管理机械化技术现状及发展趋势

田间管理是指在作物生长过程中,供应作物需要的水分、养分、肥料等,清除地表杂草,消灭病虫害,以保证作物生长的一系列措施。田间管理机械主要包括植保机械、水肥一体化节水灌溉系统、中耕除草机械及其他蔬菜冠层整理小型工具。

(1) 植保机械

目前露地蔬菜病虫害防治主要依靠粮食作物适用的植保机械有背负式电动喷雾机、机动喷枪、喷杆喷雾机等。现阶段我国植保机械仍以背负式手动喷雾器和背负式机动弥雾机为主,主导产品的其技术水平至少落后于发达国家 20 ~ 30 年。欧美发达国家的植保机械以中、大型喷雾机(自走式、牵引式和悬挂式)为主,并采用了大量的先进技术。现代微电子技术、仪器与控制技术、信息技术等许多高新技术现已在发达国家植保机械产品中广泛应用。它提高了设备的可靠性、安全性及方便性;满足越来越高的环保要求,实现低喷量、精喷洒、少污染、高工效、高防效,实现了病虫害防治作业的高效率、高质量、低成本和操作者的舒适性和安全性。而我国,目前市场上的手动喷雾器产品技术水平低,结构陈旧落后,喷射部件品种单一,而且施药液量大,雾化性能不良,作业功效低,农药浪费现象严重,给生态环境造成严重污染。少量的喷杆喷雾机都是简易型的,连喷杆的平衡机构都简化掉了,也没有配备喷幅识别装置,更谈不上采用自动化控制系统。虽然在施药机械和施药技术上进行了一些研究和示范推广,但是还没有得到应有的重视、有效的实施和严格的监督。

近年来,我国设施蔬菜得到了快速发展。由于设施蔬菜种植独特的栽培环境,传统的大容量喷雾技术反而容易增加棚室的湿度,不利于病害的防治,特别是在阴雨天气条件,温室不能通风换气情况下,更容易诱发病虫害的进一步发生。这就使得露地蔬菜适用的大容量喷雾技术在设施蔬菜生产中受到很大限制,同时温室内高温高湿,喷洒时温室密闭,作物行间窄小,操作者负药液量大,劳动强度高,防护意识差,沐浴在药雾中,严重危害身体健康。目前发达国家在蔬菜病虫害防治中已广泛采用细雾滴低容量/超低容量、气流辅助喷洒技术取代大容量喷洒法,在达到同样防治效果的同时，大幅度提高农药利用效率，降低污染。

（2）水肥一体化与节水灌溉

节水是全球当前共同面对的重要问题之一。蔬菜种植现代化灌溉技术主要指节水微灌技术。它根据植物的需水要求，通过管道系统与安装在末级管道上的灌水器，将植物生长所需的水分和养分以较小的流量均匀、准确地直接送到植物根部附近的土壤表面或土层中。微灌可分为渗灌、滴灌和微喷灌几种。微灌以省水、省工、省地、增产，对地形和土壤适应性强，能结合施肥且肥效高，减少平地除草和田间管理工作量，易于实现自动化灌水等多方面的优点，符合现代化农业生产发展的需要，因而受到人们的关注和重视。但微灌的工程投资也高，在国外被称为昂贵的灌水技术。

渗灌是通过埋在作物主要根系活动层的渗灌管直接向作物供应水分、空气和可溶性肥料，视作物的根系深度一般埋深为 25 ~ 30 cm。它解决了地面漫灌输水损失太大的问题，但也存在灌溉不均、管道难以检查等问题；滴灌是通过安装在毛管上的滴头、孔口或滴灌带等灌水器将水一滴一滴、均匀、缓慢地滴入作物根区附近土壤中的灌水形式。滴灌又可分为固定式地面滴灌、半固定式地面滴灌、膜下滴灌和地下滴灌几种。但由于滴灌的滴头出流孔口小，流速低，因此易堵塞；微喷灌是在滴灌和喷灌的基础上逐步形成的一种灌水技术，通过低压管道系统，以较小的流量将水喷洒到土壤表面。微喷灌时，水流以较大的流速由微喷头喷出，在空气阻力的作用下粉碎成细小的水滴降落在地面或作物叶面。由于微喷头出流孔口和流速均大于滴灌的滴头流速和流量，大大减小了灌水器的堵塞。微喷灌还可将可溶性化肥随灌溉水一起直接喷洒到作物叶面或根系周围的土壤，进行水肥一体化管理，提高施肥效率，节省化肥用量。但微喷灌对水的利用率低于滴灌。

（3）中耕管理机械

中耕管理是农业精耕细作的重要环节之一，是保证稳产、高产不可缺少的重要措施。通过中耕管理机械疏松地表土壤、翻动土壤、除去杂草，能改善土壤的透水性，减少水分蒸发，起到蓄水保墒作用，而且保持地表下土壤有一定湿度；另外，中耕可消除土壤形成板结，有效改善土壤结构，增加土壤的透气性，改善作物根系生长环境，同时有效地解决在保护性耕作下土壤变硬和容重增大等问题。根据不同作物及种植环境，中耕次数也不尽相同，一般多在未封垄前进行。

（4）中耕除草机械

蔬菜田化学除草难度较大，尤其须依据蔬菜种类、防治对象、生态环境、防治时期，因种、因地、因时谨慎选择合适、安全的除草剂品种、用药量、用药时间和施药方法，以确保在保护生态环境、降低生产成本的同时防除草害、增加收益。目前国外蔬菜除草主要以机械除草为主。行间机械除草技术已应用很长一段时间了，但株间机械除草还是一个比较新的研究领域。株间机械除草方式通常有用土壤覆盖杂草、切断杂草的根或茎、连根拔起杂草 3 种。而无论是哪种方式，都需要知道作物植株的位置，也就是作物识别与定位，以控制作业部件避开作物而除去杂草，这是株间机械除草研究的关键点和难点所在，也是目前研究热点。我国目前的蔬菜株间除草作业除了使用除草剂外，基本还靠人工来完成，尽管对株间除草机械有了较多的相关研究，但多数仅处于试验研究之中，未能得以推广使用。

目前，我国蔬菜田间管理机械化和自动化水平低，经营规模小，造成劳动生产率较低。丰富的蔬菜品种、多样化的种植模式很难大规模生产，导致劳动生产率仅是日本的 1/20，美国的 1/40。未来在蔬菜规模化种植的基础上，蔬菜田间管理机械须采用机电一体化技术、全液压驱动系统，向成套化、标准化、自动化、智能化方向发展。

5.2 植保施药机械

施药机械是施用药剂的机械的通称，按使用动力可分为手动式和机动式；按携带方式分人力背负式、牵引或悬挂式、自走式和无人机式等。手动背负式喷雾机、常温烟雾机、喷杆喷雾机及农药喷洒无人机等几种植保施药机械如图 5-1 所示。

(a) 手动背负式喷雾机

(b) 常温烟雾机

(c) 喷杆喷雾机

(d) 农药喷洒无人机

图 5-1　植保施药机械种类

目前,在我国使用的施药机械中,手动喷雾机仍占有相当大的比例,大中型喷雾机械数量较少,这与我国蔬菜产业的发展相差甚远。重视研发、推广蔬菜施药机械对蔬菜产业发展具有重要意义,先进的施药机械能够有效提高作业效率,减轻劳动强度,减少农药浪费,有利于实现病虫害的统防统治。

施药机械的选配应综合考虑防治规模、防治场所、防治方法、作物种类等多方面因素。在作业场所不方便、面积小的地方,可选择手动喷雾机;在较大面积喷洒农药时(如温室内),宜选用背负式机动喷雾机或喷射式动力喷雾机;在大面积喷洒农药,且种植作物单一、标准化生产程度高的地区,可选择喷杆喷雾机。

5.2.1　蔬菜病虫害防治基础

蔬菜病害是指蔬菜生长发育过程中由于遭受不良环境因素或致病微生物侵染所导致的蔬菜正常生长受影响,外部形态和组织结构发生变化,产量和品质受到损失的现象。蔬菜病害比较庞杂,有几百种之多,按病害发生的原因分为侵染性病害与非侵染性病害两大类。其中,非侵染性病害是指由于土壤、空气、温度、湿度、营养元素等非生物因素引起的病害;而侵染性病害是由生物因素引起的,可以分为真菌性病害、细菌性病害、病毒性病害、线虫性病害及寄生性种子植物病害 5 种。

1975 年我国制定了"预防为主,综合防治"的植保工作方针。在综合防治中,要以农业防治为基础,合理运用化学防治、生物防治、物理防治等措施,经济、安全、有效地把病虫控制在不足以为害的水平上,以达到增产、保护环境和人民健康的目的。

化学防治仍是目前防治病虫害重要而有效的手段,科学合理的使用化学农药为防治关键。使用农药时需要了解农药的性质、施药环境和防治对象,掌握用药最适时期,剂量要准确、施药要均匀、周到,注意用药间隔期,避免产生药害。使用植保施药机械必须考虑天气因素,一般推荐在晴天的上午 8:00 ~ 11:00,下午15:00 ~ 18:00 时施药,或者阴天施药,绝不应该在高温的正午、雨天及风力大于 3 级时施药。

辣椒(茄果类)、甘蓝(叶菜类)和萝卜(根茎类)3 种蔬菜的化学防治方法见表 5-1。

表 5-1　辣椒、甘蓝、萝卜病虫害防治

蔬菜	病虫害	化学农药
辣椒	疫病	疫霉灵可湿性粉剂、代森锰锌可湿性粉剂、甲霜灵锰锌可湿性粉剂、百菌清可湿性粉剂、雷多米尔可湿性粉剂等
	炭疽病	甲基托津可湿性粉剂、代森锰锌可湿性粉剂、百菌清可湿性粉剂、炭疽福美可湿性粉剂、波尔多液、使百克乳油等
	灰霉病	速克灵可湿性粉剂、扑海因可湿性粉剂、防霉宝超微粉剂、阿司米星水剂等
	病毒病	爱多收水剂、病毒 A 可湿性粉剂、植病灵等
甘蓝	黑腐病	代森铵 800 倍液、硫酸链霉素、新植霉素、氯霉素等
	黑跟病	百菌清可湿性粉剂、甲基立枯磷乳油、铜氨混合剂等
	黑胫病	百菌清可湿性粉剂、多硫悬浮剂、多 o 福可湿性粉剂等
	菌核病	腐霉利可湿性粉剂、菌核净可湿性粉剂、多菌灵可湿性粉剂、氯硝安可湿性粉剂等
	软腐病	农用链霉素、新植霉素
萝卜	病毒病	盐酸吗啉胍水分粒剂、病毒 A 可湿性粉剂、宁南霉素水剂等
	黑腐病	春雷・王铜可湿性粉剂、氢氧化铜可湿性粉剂等
	黑根病	春雷・王铜可湿性粉剂、霜霉威盐酸盐盐水剂等
	根肿病	氰氨化钙颗粒剂

注:表中化学农药配比详见参考文献[47]和[48]。

5.2.2　国内外蔬菜植保施药机械

喷杆式喷雾机是一种将喷头装在横向喷杆或竖立喷杆上的机动喷雾机,该类喷雾机的作业效率高,喷洒质量好,喷液量分布均匀,广泛用于大田作物播前、苗前土壤处理、化学处理草害和病虫害防治。喷杆式喷雾机的主要工作部件包括液泵、药液箱、喷头、防滴装置、搅拌器、喷杆桁架机构和管路控制部件等。喷杆式喷雾机按行走方式可分为自走式、牵引式和悬挂式,性能衡量指标主要包括药箱容积和喷杆喷幅。

国外知名的植保机械企业包括丹麦 HADRI 公司、巴西 JACTO 农机公司、美国 John Deere 公司及德国 LEMKEN 公司等,上述各企业喷杆喷雾机主要系列产品见表 5-2 所示。

表 5-2　国外知名植保机械企业的喷杆喷雾机主要系列产品

厂家	系列		药箱容量/L	喷杆幅宽/m	实物图片
HARDI 丹麦	自走式	ALPHA	3 500 ~ 4 100	18 ~ 44	
		SARITOR	4 000 ~ 5 000	36 ~ 42	
	牵引式	RANGER	2 500	12 ~ 24	
		NAVIGATOR	3 000 ~ 6 000	18 ~ 36	
		COMMANDER	3 300 ~ 7 000	18 ~ 24	
	悬挂式	NK	400 ~ 800	6 ~ 12	
		MASTER	1 000 ~ 1 800	12 ~ 28	
JACTO 巴西	悬挂式	Advance Vortex	3 028	18	
		Falcon Vortex	605	14	
John Deere 美国	自走式	R4030	3 000	36.6	
		R4038	3 800	36.6	
		R4045	4 500	36.6	
LEMKEN 德国	半悬挂式	SIRIUS	900 ~ 1 900	12 ~ 15	
	牵引式	Albatros	2 200 ~ 6 200	15 ~ 39	
		PRIMUS	2 400 ~ 4 400	15 ~ 33	
		VEGA	3 000 ~ 5 000	15 ~ 24	

国内生产植保机械的企业包括中机美诺科技股份有限公司、山东卫士植保机械有限公司、中联重机有限公司及南通黄海药械有限公司等。上述各企业喷杆喷雾机主要系列产品见表5-3。

表5-3　国内喷杆喷雾机主要系列产品

厂家	系列		药箱容量/L	喷杆幅宽/m	实物图片
中机美诺科技股份有限公司	悬挂式	3 860	800/1 000	12	
	自走式	3 930	1 000	12.5	
	牵引式	3 920	2 000/3 000/4 000	12～14/18～25	
山东卫士植保机械有限公司	悬挂式	3WZ－300	300	6	
		3WZ－450	450	8	
		3WZ－650	650	12	
中联重机有限公司	悬挂式	3WP－135	1 350	24	
南通黄海药械有限公司	悬挂式	3WP－1900	1 900	18.5	

相比国内生产的喷杆喷雾机，国外喷雾机具有药箱容量大、喷幅宽等特点，且多采用电子控制技术控制喷杆动作，能够实现喷杆的自调平，同时配备的液晶显示屏和操作按钮便于人员操作，自动化程度较高。人机交互平台如图5-2所示。

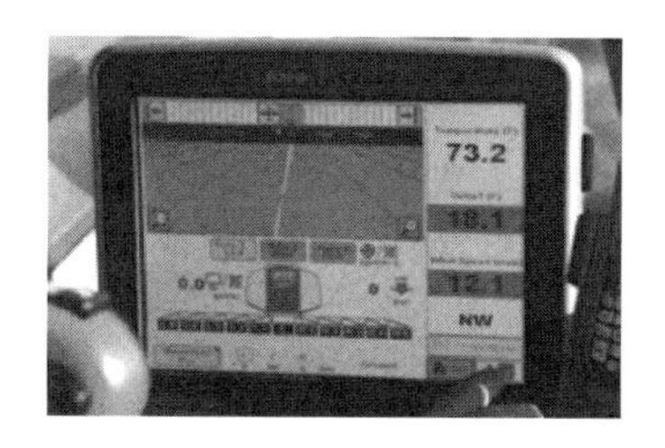

图 5-2　喷杆喷雾机人机交互平台

5.2.3　植保施药机械操作要求

操作植保施药机械应具有相应的专业技能，详见国家农业行业标准《植保机械操作工》(NY/T 1775—2009)。植保机械的操作应注意以下几个方面：

① 使用前检查植保施药机械各部件，使机具在使用中保持良好的技术状态。

② 使用前准备，仔细阅读相应植保施药机械的使用说明书，掌握相关操作、设备的日常维护与常见故障的诊断与解决方法。

③ 使用时注意设备的安全操作与自身防护，作业时需佩戴防护装备，操作人员不得在途中进行喝水、吃东西、吸烟等可能产生农药中毒效果的行为。

④ 喷药作业后需对残留药液按有关环保规定进行处理。

⑤ 植保施药机械使用后要进行维护保养，如定期加注润滑油、定期检查关键工作部件，更换易损部件、保持药箱清洁等。

5.3　水肥一体化与节水灌溉装备

水肥一体化又叫管道施肥，是一项借助节水灌溉系统将肥液均匀、准确地输送到作物根部，有效控制灌溉量和施肥量，提高水肥利用效率的现代技术。蔬菜管理常采用微灌方式，如滴灌、渗灌、微喷灌、涌泉灌等，如图 5-3 所示。

(a) 滴灌　(b) 渗灌　(c) 涌泉灌　(d) 微喷灌

图 5-3　微灌方式

除了上述的微灌外，蔬菜节水灌溉技术还包括喷灌和移动灌溉，如图 5-4 所示。

(a) 喷灌　(b) 移动灌溉

图 5-4　喷灌与移动灌溉

5.3.1　水肥一体化系统组成

水肥一体化系统主要由微灌系统（包括水源、首部工程、输水管网、灌水器）和施肥设备组成。水源主要有河流、水库、小坝塘、泉水、井水或渠道水等。水源的选择：一是水源总水量应超过灌溉需水总量；二是水质要达到农业灌溉用水的标准，水要清，不得含有过量的泥沙。

首部工程的作用是从水源取水，并对水进行加压、水质处理、肥料注入和系统控制。一般包括动力设备、水泵、过滤器、泄压阀、逆止阀、水表、压力表及控制设备,如自动灌溉控制器、衡压变频控制装置等。首部设备的多少可视系统类型水源条件及用户要求有所增减。

输水管网的作用是把灌溉水输送到喷头进行灌溉,要求能承受一定的工作压力、通过一定的流量,常用的管道为PE(聚乙烯塑料)管和UPVC(以聚氯乙烯树脂为原料,不含增塑剂的塑料)管,压力多在1 MPa(10 kg,进水口和出水口的高差不得超过100 m)。管道分为主管和支管,主管起输送水的作用,管径大;支管主要是工作管道,上面按一定距离安装竖管(多为钢管),竖管上安装喷头。灌溉水通过主管、支管、竖管,最后经喷头喷洒给田间作物。

灌水器如图5-5所示,主要有两种:一种是灌溉喷头,其作用是将管道内的水流喷射到空中,分散成细小的水滴,洒落在田间进行灌溉,主要有摇臂式和雾化式2种;另一种是滴灌带及其滴头,其作用是利用低压管道系统,将水一滴一滴均匀缓慢地滴入作物根区附近土壤进行灌溉,主要有内嵌式和迷宫式2种。

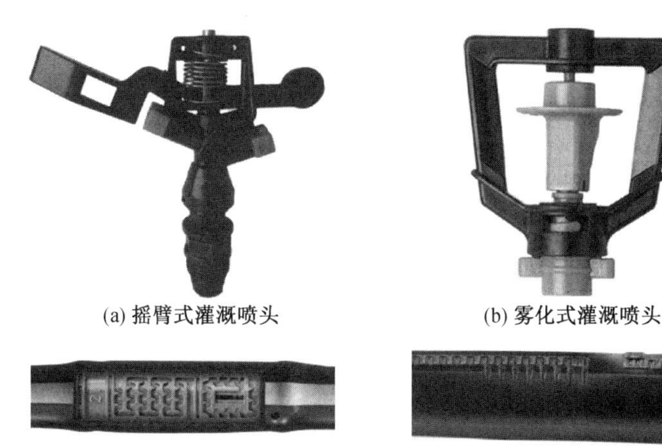

(a) 摇臂式灌溉喷头　(b) 雾化式灌溉喷头

(c) 内嵌式滴灌带　(d) 迷宫式滴灌带

图5-5　灌水器

施肥设备是借助灌溉系统通过智能化控制系统将植物生长所需的氮、磷、钾液态肥均匀适量地供给蔬菜作物。

5.3.2　灌溉施肥机械

本节以自动灌溉施肥机为例介绍国内外知名企业的灌溉施肥机,该机均采用文丘里施肥原理,主要技术参数为注肥通道数和单路管道最大流量。

国外知名节水灌溉企业包括以色列Netafim公司、以色列Raphael公司、意大利Irritec公司等,表5-4为上述国外知名企业自动灌溉施肥机产品列表。

表 5-4　国外知名企业自动灌溉施肥机产品

厂家	系列	注肥通道数	单路管道最大流量/(L/h)	实物图片
Netafim以色列	33100－002810	3	80	
	33200－004320	3	600	
	33100－001995	4	20	
	33400－001200	2	20	
Raphael以色列	RW－003	3	400	
	RW－004	3	400	
Irritec意大利	DOSA PRO2	6	500	
	Shaker set	4	500	
	DOSA BOX	3	500	
	DOSA BOX jinior	2	500	

国内知名节水灌溉企业包括重庆恩宝科贸有限责任公司、北京金福腾科技有限公司、广西捷佳润农业科技有限公司等,表 5-5 为上述国内公司自动灌溉施肥机产品列表。

表 5-5　国内公司自动灌溉施肥机产品

厂家	系列	注肥通道数	单路管道最大流量/(L/h)	实物图片
重庆恩宝科贸有限责任公司	Fertijet	3	350	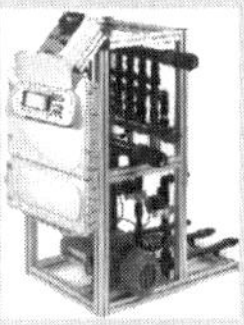
	Fertigal	6	350	
	Fertimix	10	350	
北京金福腾科技有限公司	PJ 注入式	3	400	
	PN 营养式	3	400	
广西捷佳润农业科技有限公司	PB－Split	1	360	
	S－300	5	300	

相比国外生产的自动灌溉施肥机,国内灌溉施肥机多采用国外原装进口智能控制器,关键精准控制技术由国外公司掌握,多集中在以色列。

5.3.3 注意事项

采用水肥一体化技术及其机具,详见国家农业行业标准《灌溉施肥技术规范》(NY/T 2623—2014)。水肥一体化机具操作应注意以下几个方面:

① 滴灌施肥时,先滴清水,等管道充满水后再开始施肥。

② 注意施肥的均匀性。

③ 避免产生沉淀降低肥效。

④ 水溶肥料通常只作追肥。

5.4 中耕管理机械

中耕是农业精耕细作的重要环节之一,是保证稳产、高产不可缺少的重要措施。中耕通过疏松地表土壤、翻动土壤、除去杂草,改善土壤的透水性,减少水分蒸发,起到蓄水保墒作用,而且保持地表下土壤有一定湿度;另外,中耕可消除土壤形成板结,有效改善土壤结构,增加土壤的透气性,改善作物根系生长环境,同时有效地解决在保护性耕作下土壤变硬和容重增大等问题。根据不同作物及种植环境,中耕次数也不尽相同,一般在未封垄前进行。

中耕机按动力来源可分为人力中耕机、畜力中耕机和机力中耕机;按工作条件,中耕机可分旱地中耕机和水田中耕机;按工作性质,中耕机可分全面中耕机、行间中耕机、通用中耕机、间苗机等。目前我国使用的中耕机以机力为动力来源的行间中耕机为主。

5.4.1 国外中耕管理机械

由于国外农场较为广阔,以及规模化生产、经营,中耕机械向大型化、精准化及智能化的方向发展,对不同作物已形成系统的、系列化的作业装备与工作方案,在装备及作业技术方面成熟度非常高。

国外对现代中耕机械的研究开展较早,装备种类与型号都较丰富,主要企业有美国大平原公司(Great Plains)的 Dual - Purpose Toolbar(Model Numbers:LC25,LC40),如图 5-6 所示,相关参数见表 5-6;德国格立莫农业机械公司(GRIMME)的 Frontmulcher 300 系列中耕机,如图 5-7 所示,相关参数见表 5-7;美国海内克公司(HINIKER)6000 系列中耕除草机械,如图 5-8 所示,相关参数见表 5-8;美国约翰迪尔(John Deere)公司、土耳其 KURT 农业机械工业有限公司及荷兰 STRUIK 公司等。

图 5-6　LC25 中耕机

表 5-6　LC25 系列中耕机参数

生产厂家	系列	挂接形式	型号	行间距/cm	行数	质量/kg
美国大平原公司	LC25	后置三点悬挂	0830	76.2	8	2 610
			0836	91.4	8	2 730
			0838	96.5	8	2 730
			0840	101.6	8	2 730
			0870	70	8	2 610
			0875	75	8	2 610
			081M	100	8	2 730

图 5-7　300 系列中耕机

表 5-7　300 系列中耕机参数

生产厂家	系列	挂接形式	型号	行间距/cm	整机尺寸/cm	质量/kg
德国格立莫农业机械公司	300	前置三点悬挂	FT300	40 ~ 50	170 × 315 × 125	1 150
			FM300	40 ~ 50	221 × 315 × 122	1 250

图 5-8　6000 系列中耕机

表 5-8　6000 系列中耕机参数

生产厂家	系列	挂接形式	型号	工作幅度/cm	行数	重量/kg
美国海内克公司	6000	后置三点悬挂	6002	95	4	1 013
			6003	76.2	6	1 330
			6004	96.5	6	1 371
			6024	101.6	6	1 432
			6005	76.2	8	1 731
			6006	95	8	1 797
			6020	97	8	1 880
			6022	76.2	10	2 180

5.4.2　国内中耕管理机械

近几年中国种植农业发展迅速，集约化种植初具规模，但规模化种植比例仍然较小，近一段时间会以小规模种植为主，中耕环节以实现机械化作业为主导，现有作业机型以小型、悬挂式装备为主。实现种植业的精准化、集约化与规模化是我国种植业未来发展的重要趋势，中耕机械也将随着种植形式与规模的变化与时俱进。

我国中耕机的使用具有较长的历史，但进入近现代后中耕机械发展缓慢，随着人们对中耕环节的重视，中耕机近期发展迅速，形成了较为齐全的机型与型号，主要有安徽中科自动化股份有限公司 3ZP－35 中耕培土机，如图 5-9 所示，相关参数见表 5-9；北京禾牧农业新技术有限公司 STRUIK ZF 系列中耕机，如图 5-10 所示，相关参数见表 5-10；禹城红日机械制造有限公司 3ZT 系列双弹簧中耕机，如图 5-11 所示，相关参数见表 5-11；江苏沃得机电集团有限公司沃得 1S－200 深松机，如图 5-12 所示，相关参数见表 5-12。

图 5-9　3ZP－35 中耕培土机

表 5-9　3ZP－35 中耕培土机参数

生产厂家	型号	挂接形式	作业幅宽/cm	整机尺寸/cm	质量/kg
安徽中科自动化股份有限公司	3ZP－35	手扶式	350	188×72×104	110

图 5-10　STRUIK ZF 系列中耕机

表 5-10　STRUIK ZF 系列中耕机参数

生产厂家	系列	挂接形式	型号	行间距/cm	行数	重量/kg	配套动力/kW
北京禾牧农业新技术有限公司	ZF	后置三点悬挂	2ZF75	75	2	480	48.5
			2ZF90	90	2	490	52.2
			3ZF75	75	3	540	56.0
			3ZF90	90	3	550	56.0
			4ZF75	75	4	920	63.4
			4ZF90	90	4	950	67.1
			5ZF75	75	5	980	74.6
			5ZF90	90	5	1 020	74.6

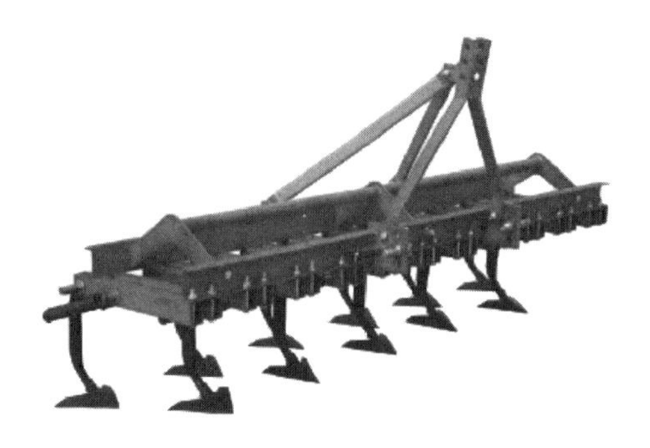

图 5-11　3ZT 系列双弹簧中耕机

表 5-11　3ZT 系列双弹簧中耕机参数

生产厂家	系列	挂接形式	型号	工作幅宽/cm	行数	质量/kg	配套动力/kW
禹城红日机械制造有限公司	3ZT	后置三点悬挂	3ZT－1.0	100	5	260	18.65
			3ZT－1.4	140	7	300	22.38～29.84
			3ZT－1.8	180	9	350	29.84～37.30
			3ZT－2.2	220	11	420	37.30～52.20

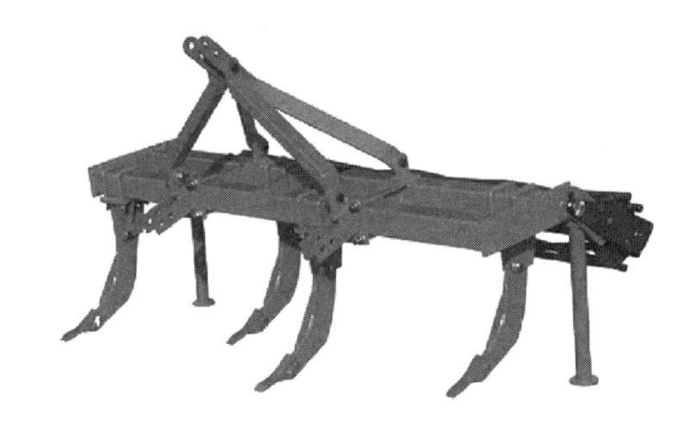

图 5-12　沃得 1S－200 深松机

表 5-12　沃得 1S－200 深松机参数

生产厂家	型号	挂接形式	行数	作业幅宽/cm	整机尺寸/cm	重量/kg	配套动力/kW
江苏沃得机电集团有限公司	沃得 1S－200	后置三点悬挂	4	200	130×235.6×140	340	52.2

5.4.3　适合我国种植情况的机型

目前我国农业处于快速发展的阶段，未来会以适度规模经营为主，但目前仍以小规模种植为主，种植模式与种类繁多，各地方有不同的种植标准和侧重，为此，不同地方按照种植需求合理选型，建议以小型作业机械为主，未来需要统一种植标准,促进大型机械装备的推广应用,提高作业效率。

5.5　中耕除草机械

目前,我国主要的杂草控制方法就是采用化学或机械化学方法来灭草,少数地区仍采用人工除草。人工除草劳动强度大、耗时费力、作业效率低;化学或机械化学方法除草所用化学除草剂的残留毒性,给作物和土壤造成一定的化学污染、环境污染,这与农业可持续性发展宗旨相违背。机械除草能有效降低人工劳动强度,提高生产效率,无环境污染,是农业可持续发展中的一项关键性生产技术。机械除草是利用各种形式的除草机械和表土作业机械切断草根,干扰和抑制杂草生长,达到控制和清除杂草的目的。

5.5.1　中耕除草农艺要求

中耕除草可疏松表土,增加土壤通气性,提高地温,促进好气微生物活动和养分有效化,去除杂草,促使根系伸展,调节土壤水分状况。中耕除草农艺要求:① 适时中耕;② 除草:不伤害植物植株和根系;③ 松土:有良好松碎作用,土壤位移要少;④ 培土:作业应不压倒作物;⑤ 应保持株距一致,不伤苗且不松动临近植株。

5.5.2　中耕除草机工作部件

指盘式除草机由两个方向相反的圆盘组成,如图 5-13 所示,盘上加工出指型齿,工作时在土壤的反作用力下,圆盘转动切除行间的杂草。指盘状除草机主要应用在韭菜、玉米、向日葵、甜菜和卷心莴苣,作业的适宜行间距为 25 ~ 40 cm。

(a) 除草机作业图

(b) 指型齿部件

图 5-13　指盘式除草机工作部件

旋转式除草机采用旋转梳齿式结构,工作时,梳齿在苗行两侧相对旋转,可将出生的草芽除掉,并疏松表土,如图 5-14 所示。

(a) 除草机实物图

(b) 除草机作业图

图 5-14　旋转梳齿式除草机工作部件

滚笼式除草机在作业时，行间除草笼随除草机底盘向前移动时，依靠泥土施加于除草笼的摩擦力发生转动，将行间杂草碾乱入泥土，使其不能进行光合作用而达到去除行间杂草的目的，主要用于胡萝卜、洋葱及其他农作物，种植行间距应大于 80 mm，如图 5-15 所示。

(a) 除草笼部件

(b) 除草机作业图

图 5-15　滚笼式除草机工作部件

我国自 20 世纪 60 年代开始研究苗间除草机械，20 世纪 70 年代机械苗间除草获得很大程度的发展。其工作部件有旋转锄式、弹齿式、垂直圆盘式等，如图 5-16 所示。

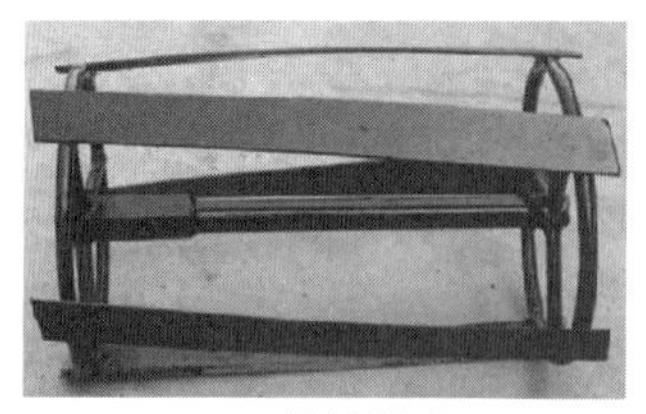
(a) 旋转锄式

(b) 弹齿式

(c) 垂直圆盘式

图 5-16　田间除草工作部件

5.5.3　中耕除草机械

国外大型中耕除草机械生产企业包括美国约翰迪尔(John Deere)公司、荷兰STRUIK公司、美国海内克(HINIKER)公司等,其主要适用于大田旱地作业,工作效率高,耕深一致,如图5-17和图5-18所示。美国海内克(HINIKER)公司的中耕除草机可将苗周围的杂草除去,由于除草铲独特的设计,很少有泥土会堆埋植株,除草铲在土中运行,割断杂草的根部。作业效率40~50亩/h,精确的深度控制保证了耕作深度的一致,如图5-19所示。

(a) 中耕除草机作业图

(b) 中耕除草机实物图

图5-17　美国约翰迪尔(John Deere)公司中耕除草机

图5-18　荷兰STRUIK公司中耕除草机

(a) 除草机作业图

(b) 除草机实物图

图5-19　美国海内克(HINIKER)公司6000型号中耕除草机械

由于种植方式、土地条件及经济发展等多种因素的不同,国外的除草机械大多数是牵引式,工作幅面很大,效率较高,其结构和工作性能等方面不太符合我国的国情。国内中耕除草机械仍以小型机械为主,工作效率较低,主要生产厂家如山东希成农业机械科技有限公司、山东华兴机械股份有限公司及苏州博田自动化技术有限公司等。

山东希成农业机械科技有限公司生产的希森天成 3ZMP－360 中耕除草机采用了双梁矩形框架结构,强度大、刚性好、不变形;该机松土除草部件采用 S 弧形弹性铲柄,增强铲柄弹性,使土壤中的硬物(如石块)对整机的破坏降到最低;工作幅度 3 600 mm,工作行数 4,工作行距 900 mm,生产效率 0.72～1.44 ha^2/h,作业速度 3～6 km/h,如图 5-20 所示。

图 5-20　希森天成 3ZMP－360 马铃薯中耕培土机

山东华兴机械股份有限公司生产的 3CT－4Q 多功能中耕除草机用途和特点:① 田块的中耕除草作业;② 旱田旋耕、塑料大棚内除草及平地作业;③ 菜园、果园平整地作业及旋耕作业;④ 表面撒肥后通过旋耕释放到土壤中;⑤ 湿地旋耕作业,作业幅宽 60 cm,耕深 10～20 cm,总安装刀数 14 把,如图 5-21 所示。

图 5-21　3CT－4Q 多功能中耕除草机

南京农业大学工学院研制成功一种基于机器视觉的行间中耕除草机，如图 5-22 所示。通过对传统中耕除草机的机构改造，加装了电液控制模块和作物行视觉检测模块，实现了对锄具的侧向运动控制，达到了无人参与情况下无损伤地进行行间精准除草的目的。

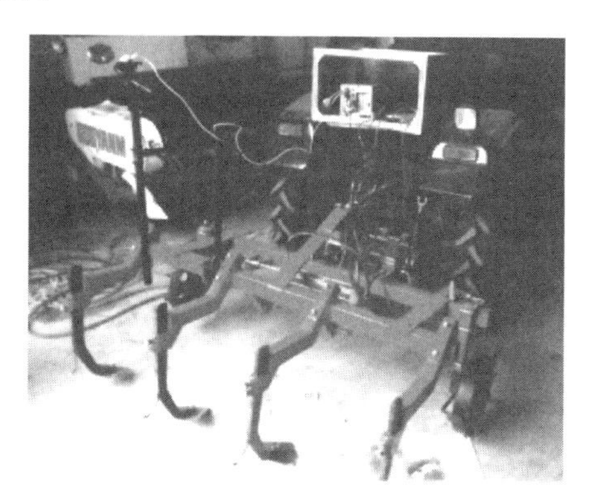

图 5-22　基于机器视觉的行间中耕除草机

苏州博田自动化技术有限公司生产的智能锄草机可清除农田的行间杂草与苗间杂草，利用机器视觉技术获取田间苗草信息，实现农作物苗株定位，控制锄刀清除苗间杂草且准确避开农作物苗株，具有可靠性高、效率高、操作简单及无环境污染的特点，如图 5-23 所示。博田智能除草机主要功能和技术指标如下：

① 工作宽度：2 m/4 行（可选 3 m/6 行、6 m/12 行）。

② 工作速度：2 km/h。

③ 杂草去除率：约 80%。

④ 锄刀定位精度≤10 mm。

⑤ 耕深：10 ~ 20 mm。

⑥ 可适应不同株距的农作物。

图 5-23　博田智能锄草机

淳安县龙晨机械有限公司生产的淳丰 CF 系列菜园除草机,适用于蔬菜及果园的除草,其除草部件锄草轮具有防缠草功能,作业效率高、适用范围广,如图 5-24 所示。该割草机主要优点:① 结构紧凑;② 前进挡、空挡和倒挡速度参数比较合理; ③ 一般采用风冷柴油发动机作动力,动力本身可靠性较好;④ 整机重量适中,一般在 20 kg 左右,耕深 3 ~ 5 cm,耕宽 68 cm,生产效率 2.1 亩/h。

图 5-24　淳丰 CF 系列菜园除草机

第 6 章　蔬菜收获机械化技术与装备

在蔬菜生产作业中，收获是费力最大、耗时最多的一个作业环节。据统计，收获作业平均约占整个生产作业量的40%以上。蔬菜收获机械根据收获蔬菜部位的不同，可以分为叶菜类收获机、根菜类收获机和果菜类收获机等。叶菜类蔬菜收获机包括甘蓝、大白菜、菠菜、鸡毛菜等收获机，根菜类蔬菜收获机包括胡萝卜、萝卜、牛蒡、山药等收获机，果菜类蔬菜收获机包括番茄、黄瓜、毛豆等收获机。总体来讲，根菜类蔬菜收获机械化程度较高，而果菜和叶菜类蔬菜收获机械化程度较低。

6.1　蔬菜收获机械化技术现状及发展趋势

6.1.1　蔬菜收获机械现状

蔬菜收获机械作业条件复杂，各国采取的应对方式各不相同。20 世纪 30 年代欧美各国就已展开蔬菜机械化栽植和收获方面的研究。1931—1933 年，苏联研制了甘蓝收获机和块根拔取式收获机；1945 年美国研制出黄瓜收获机；20 世纪 50 年代以后，欧洲国家相继研制出各种类型的蔬菜收获机械。日本、韩国受土地资源、人口老龄化等因素限制，也致力于蔬菜生产机械化水平的提高。日本蔬菜生产机械化在短短 40 多年间得到了迅速发展，主要是走引进、消化、吸收路线。近年，随着日本劳动力不足与人口老龄化，对蔬菜机械化提出了更高的要求，采收机械向智能机器人采摘、图像识别、GPS 导航、无人驾驶等方向发展。

我国蔬菜收获机械化发展水平相对滞后，根茎类蔬菜收获机械初步完成由进口机型向国内自主研发机型转变，果菜类蔬菜收获机械仅在新疆地区用于深加工用的番茄、辣椒，鲜食用的果菜类收获机械尚在研究阶段，叶菜类蔬菜收获机械研发进程也较缓慢。

6.1.2　蔬菜收获机械发展趋势

(1) 发展多功能蔬菜收获机具

集多种功能为一体的蔬菜收获机械，能进行较为复杂的复式作业，如叶菜类收获与废弃物收集机械、根菜类收获与废弃物收集机械。

（2）发展专用、通用蔬菜收获机具

寻找不同蔬菜间的共性，研发结构简单、紧凑和通用性能好的机型，使其通过更换部分零部件或者调整工作参数就可以实现对不同种类蔬菜的收获，提高蔬菜收获机械的通用性，降低蔬菜的生产经营成本，促进对蔬菜收获机械的推广应用。蔬菜种类繁多，食用部分的形态和收获的部位差异大，收获方式有很大的不同，因此还需要研发专用蔬菜收获机械，增加机械收获蔬菜的种类，提高蔬菜收获机械化水平。多功能根菜类蔬菜收获机的研制成功就为提高蔬菜收获机通用性提供了范例。

（3）采用先进技术

将机械控制和电气控制、液压或气动控制技术应用到蔬菜收获机械上，提高其智能化水平及自动化程度。国内有液压仿形扶茎机构的研究，能根据土地平整情况做出适当的反馈，实现松土、铲土深度的智能化调整。另外，采用先进的技术如信息采集、专家决策系统技术，充分应用地理信息系统（GIS）、全球定位系统（GPS）、农田遥感监测系统（RS）等精准农业的核心技术，使人的劳动技巧和选择能力得到充分发挥。在国外蔬菜收获机有包含芦笋成熟度检测、番茄在线色选装置等的报道，研究结合传感器、机器视觉等技术，用于收获过程的蔬菜数量、重量等信息的采集、智能化品质识别和在线筛选等。

（4）分区域发展不同形式的蔬菜收获机械

借鉴美国、日本、韩国等国家蔬菜全程机械化发展的先进经验，我国东北、新疆等规模化大型农场引进大型收获机具，江浙、重庆等应借鉴日韩的经验发展小型轻便收获机具。

（5）农机与农艺相结合

美国早在1942年就开始培育适合机械化收获的番茄品种，采用大田直播的方式播种，规范对行和作业间距，同时采用催熟技术，使一次性番茄收获机成为可能。在现代农业的发展中，农业机械化的实现越来越离不开农艺的支持，农机与农艺相辅相成，共同服务于农业生产的综合效益，蔬菜收获机械的研发也不例外。通过相关学科专家的定期交流、协同研究，培育适宜于机械化收获的蔬菜品种，制定符合机械化收获的栽培模式，如行距、垄作、平作等，研发与农艺相融合的蔬菜收获机械。

（6）机械结构的优化

蔬菜收获机械体积大、耗材量大，面对农民的经济承受能力，需最大限度地降低制造成本。在满足机械性能的前提下，设计结构简单、紧凑、通用性好的机型，以满足广大的市场需求。同时，现代机械设计理论和方法为问题的解决提供了途径，

CAD/CAE 软件的运用，优化理论的研究，为机械的运动学、动力学仿真提供了技术平台，以达到优化机械结构的目的。

6.2　叶菜类蔬菜收获机械

叶菜类蔬菜收获机械又分结球类叶菜收获机械和非结球类叶菜收获机械，结球类叶菜主要包括甘蓝、白菜等，非结球类叶菜包括空心菜、菠菜、芥菜、韭菜等。叶菜根系一般较浅，生长周期短，单位面积上植株较多，且叶嫩多汁，一般宜就地采收，就地供应。

6.2.1　非结球类叶菜收获机

（1）农艺特点

① 叶菜一般都具有鲜嫩的茎叶，极易破损，机械采收一般会造成损伤，使得在收割与输送方面都很难保证叶菜的损伤率及收割质量。

② 叶菜种类多种多样，且大多株距不确定，增加了收获机的采摘难度。

③ 叶菜的采摘切割点一般比较低，所以收获机的采摘装置必须布置得离地较近，同时要防止机架碰及土地，这都加大了收获机械整体结构设计的难度。

④ 种植地泥土较多，凹凸不平，且大多具有一定的含水量，收获机行走困难。

（2）机械收获技术现状

叶菜类收获机的工作过程主要包括切割、捡拾、输送、收集等步骤，结构如图 6-1 所示。在收获机进行作业时，收获机前进，经拨禾轮的推动，把菜叶推至往复式切割器前进行切割，被切割后的菜叶经输送带运送到收集箱，适时卸出。绿叶蔬菜如菠菜、鸡毛菜等，机器播种后两个星期就可以收割，Urschel 设计的收获机采用圆盘割刀将菠菜等从根部切断，然后由传送带收获食用叶子。意大利 Hortech 公司的 Slide FW 机型采用的则是水平锯齿割刀，且切割高度可自动调节。绿叶蔬菜比较容易实现机械化收获，但对蔬菜的种植规范和土地平整度要求较高。其他叶菜类收获机，如大葱、韭菜等收获机，国外也有商业推广的机型，如丹麦 Asa - Lift 公司的韭菜收获机等。

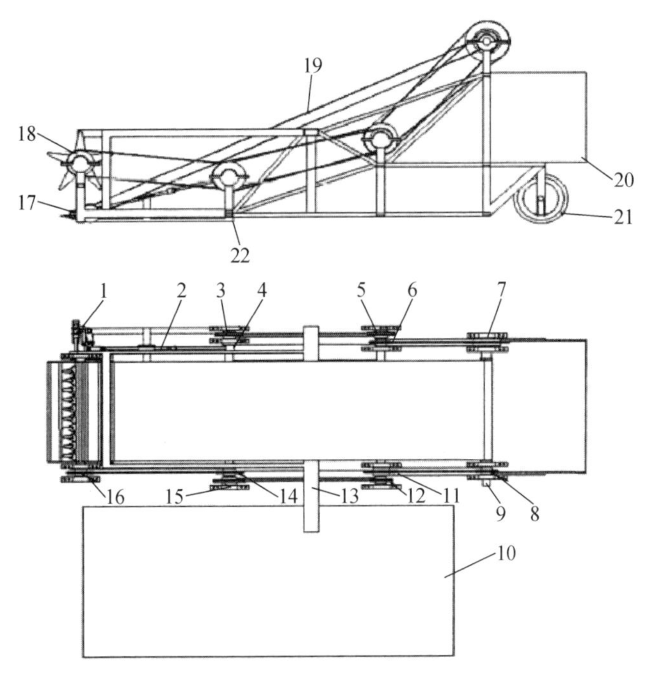

1—切割器传动机构;2—连杆;3,5,6,7,8,11,12,14,15,16—链轮;4—偏心轮;
9—主轴;10—拖拉机;13—牵引装置;17—往复式切割器;18—拨禾轮;19—输送带;
20—收集箱;21—行走轮;22—机架

图 6-1　叶菜类收获机的整机结构示意

(3) 机型介绍

① 意大利 DE PIETRI 公司的 FR100 型蔬菜收获机

FR100 是一款大型的自走式蔬菜收获机(见图 6-2),可以收获香菜、菠菜、空心菜、鸡毛菜等。该机型最大功率为 100 马力(75 kW),工作幅宽可达 2.05 m,最快工作速度达 20 km/h,最快收获速度可达 1 ha^2/h,所以比较适合于大型农场的大地块作业,具体技术参数见表 6-1。

图 6-2　意大利 FR100 型蔬菜收获机

表 6-1　FR100 型蔬菜收获机技术参数

参数	数据
发动机	约翰迪尔 4045
最大功率	75 kW(100 马力)
工作幅宽	2.05 m
工作速度	0 ~ 20 km/h(通过电气控制速度)
最大长度	7.40 m
最大宽度	2.40 m
轴距	2.59 m
最大高度	3.40 m
机器重量	4.65 t
载重量	2.8 t

② 意大利 HORTECH 公司 SLIDE TW 型收获机

SLIDE TW 型收获机属于自走式,它可以用来收获菠菜、香菜等叶菜类蔬菜,如图 6-3 所示。除了 SLIDE TW 型产品外,还有 SLIDE FW,SLIDE FW small,SLIDE T 等型号的产品,它们的适用范围基本相同,都是滑板式收获机械,只是在部分功能和配置上有所不同。SLIDE TW 型收获机是一种小型的蔬菜收获机,它的工作幅宽为 1.4 ~ 1.8 m,最高收获效率可达 15 ~ 20 亩/h,适合于温室大棚种植蔬菜的收获。

图 6-3　意大利 HORTECH 公司 SLIDE TW 型收获机

6.2.2　结球类叶菜收获机

(1) 农艺特点

① 叶球易损伤。球茎是由多个叶片结球而成,叶子鲜嫩,容易损伤。

② 形状差异大。结球叶菜有很多品种，每一品种的结球形状都不相同，有平头型、卵圆型和直筒型等。

③ 球高差异大。由于品种和地区的差异，结球高度的范围差距大(20～80 cm)。

④ 种植密度(株距和行距)差异大。种植习惯、品种和地区等因素对种植密度有很大的影响，变化范围为30～80 cm。

⑤ 栽培模式整齐。结球叶菜都是条播，作物生长在同一条基线上。

(2) 机械收获技术现状

① 大白菜收获机械

日本Kanamitsu等研制了一种自走式白菜收获机，其由导向板、螺旋拔取器、弹性夹持皮带、圆盘割刀、行走装置和动力传动装置等组成，如图6-4所示。该收获机由液压系统控制的导向轮能够控制机器的行走方向及机身与水平面的高度。为了能顺利地将大白菜向上传送，弹性夹持皮带夹住白菜的结球部，与螺旋升运机构(水平倾角为30°)共同完成白菜的升运过程。在传送的过程中，圆盘刀切除白菜的根茎部，然后将球茎部平铺在地面上，完成收获过程。田间试验表明：对白菜根茎部的切断速度为6 m/s，作业速度为0.17～0.28 m/s。

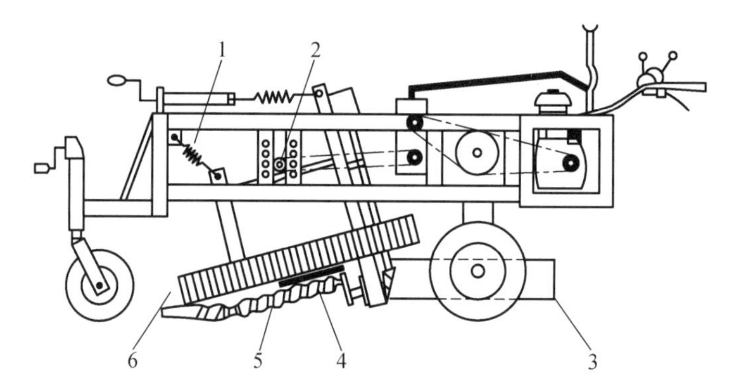

1—伸缩弹簧；2—支点；3—导向板；4—圆盘割刀；5—螺旋拔取器；6—夹持皮带

图6-4　自走式白菜收获机结构示意

由日本农业生物系特定产业技术研究机构研制的、面向大规模种植的大白菜收获系统，侧悬挂在15 kW的拖拉机上，它集收获、调配、装箱和运输于一身，由螺旋升运机构、夹持皮带、圆盘割刀和横向工作台等组成，如图6-5所示。白菜在引拔与搬送过程中，外叶根茎部被旋转的圆盘割刀切断，白菜经工作台进入集装箱。搬送作业连续进行，并同时需要3名工作人员完成收获的全过程。收获方式为单行收获，采用液压调节装置调节收割台的高度。螺旋升运机构与水平面成15°倾斜安装。田间试验表明：作业速度为0.2 m/s，割刀的切断速度为6.3 m/s，工作能力为0.3 hm^2/h，切断精度受结球部质量的影响。

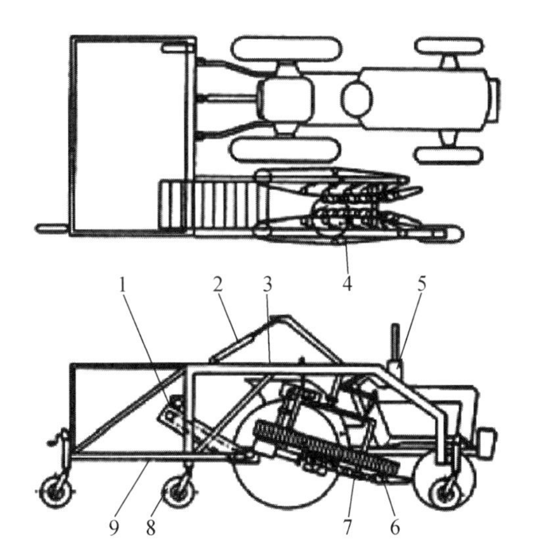

1—升运器;2—液压调节装置;3—机架;4—圆盘割刀;5—伸缩弹簧;
6—夹持皮带;7—螺旋拔取器;8—地轮;9—工作台

图 6-5　悬挂式白菜收获机示意

②甘蓝收获机械

甘蓝收获机为叶菜类蔬菜收获机械的典型代表。1931 年,苏联根据 И · Н · 鲍洛托夫的建议制成了第一台甘蓝收获机。该机的主要工作部件是左右拔取部件、圆盘锯齿刀和横向刮板式输送器,输送器把甘蓝装到并行的台车上,如图 6-6 所示。拔取部件由两条回转链条组成,其内边由弹簧彼此压紧,部件与水平面成 25°安装。拔取链条夹住甘蓝球茎处,把它从土壤内拔出并送至割刀处;割刀把菜根切下,菜头从拔取器内出来时落到横向刮板式输送器上,再由它送到并行的台车上。该机为单行,与 CT315/30 拖拉机配套。两组拔取器分别固定在刮板式输送器的两端。输送器铰接安装在拖拉机机架上,它可根据拔取器的工作情况向左或向右转动。这种结构可从地块的一侧用穿梭法收获甘蓝。工作时,只有一个拔取部件处在工作状态,而另一个升起来。机器在地头转弯时,变换两拔取部件的状态,改变刮板式输送器的运转方向。不过田间试验表明,该机器链条拔取甘蓝时,链条不能达到菜茎处,不能碰到叶子和菜棵。菜茎不高时,菜棵落入链条内,阻碍了菜棵的运动,最后导致甘蓝堆积并破坏了工艺过程,整机不能很好地完成收获作业。

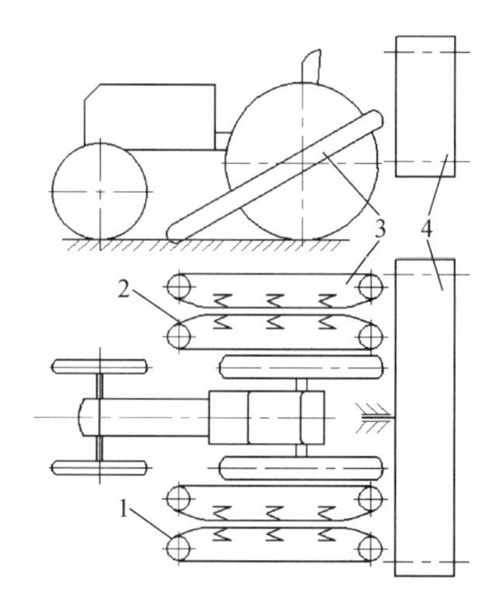

1—左拔取器;2—右拔取器;3—割刀;4—板式输送器

图 6-6　甘蓝收获机结构示意

加拿大 HRDC 公司的甘蓝收获机为单行收获,收获部件悬挂在拖拉机的左侧,动力由拖拉机提供,如图 6-7 所示。该收获机采用电子液压控制系统,控制割刀高度及拔取升运机构的高度,确保整齐、精确地切割。利用软橡胶传送带夹持甘蓝球茎,辅助完成切割作业并把球茎部传动到集装箱内。田间试验表明,每天可收获 125 t。

图 6-7　加拿大 HRDC 公司的甘蓝收获机

美国研制的甘蓝联合收获机由导向锥体、相对旋转的一对螺旋、圆盘切刀和输送器等组成,如图 6-8 所示。该收获机能一次完成切割、除叶和装车工序。作业时,甘蓝由导向圆锥体引向螺旋输送器;经整平后,将甘蓝引向圆盘刀,切下甘蓝根部,由吊索式输送器压紧甘蓝头部输送到接收输送装置;经叶子分离螺旋分离出被切下的老叶或残叶;经检查输送台输送到卸菜升运器,将甘蓝送至挂车。为减轻装载时撞击对甘蓝的损伤,在卸菜升运器的尾部安装了可调整高度的缓冲托盘。田间试验表明:用本机收获甘蓝时,甘蓝行距的允许误差为 ±3 cm,邻接行行距的允许误差为 ±5 cm,甘蓝质心应该在离每行基线 ±10 cm 的范围内。

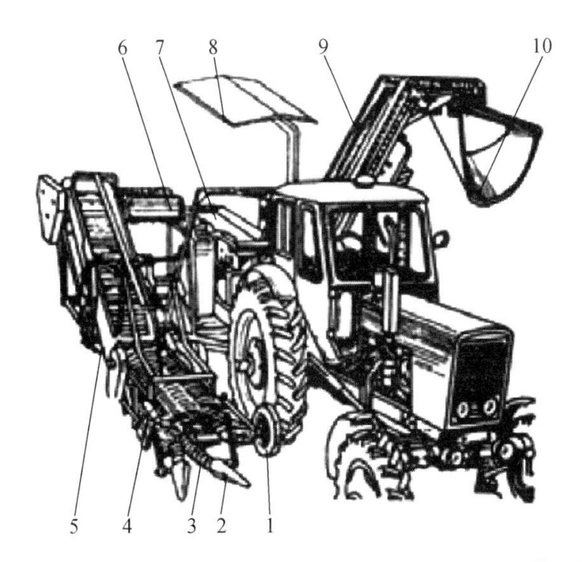

1—仿行轮;2—导向锥体;3—螺旋输送器;4—吊索输送器;5—接收输送装置;
6—叶子分离输送器;7—检查输送台;8—布蓬;9—卸菜升运器;10—缓冲托盘

图 6-8　结球甘蓝联合收获机结构示意

Hachiya 等研制了一种集收获、输送、装箱等功能于一体的甘蓝收获机,如图 6-9 所示。该机采用旋转式双圆盘拔取装置,通过传送带将甘蓝输送至圆盘割刀处完成切割。工人 A 操作收获机械和拖拉机,工人 B 负责剥去剩余的甘蓝外包叶,最后工人 C 挑选甘蓝并装箱。该机型收获效率比人工收获提高了一倍,已于 2001 年底实现商业化。

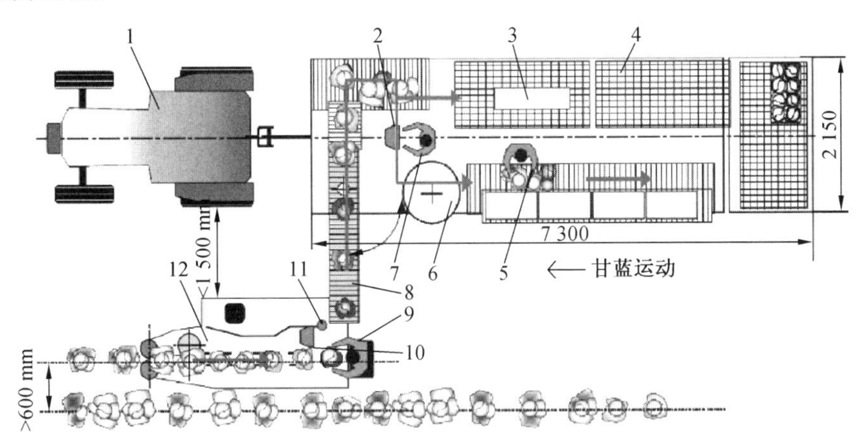

1—拖拉机;2—加工装置;3—托盘;4—拖车;5—工人 C;6—转盘;7—工人 B;
8—液压传送带;9—工人 A;10—加工装置;11—拖拉机控制器

图 6-9　甘蓝收获机

我国关于结球叶菜收获机的研究较少，仅有台湾大学农机系在20世纪80年代末成功研制了一台履带式10 kW甘蓝收获机，一次采收一行，有拔取、根茎切断、外叶切除及装箱等作业功能，适用于一畦行距65 cm、株距40 cm或一畦两行畦距130 cm、行距65 cm、株距45 cm的栽培方式。收获产品95%直接出货上市销售，作业能力为0.04 hm^2/h。与人工收获相比，其工作效率提高2.5~2.8倍。甘肃农业大学在分析甘蓝根茎切割力影响因素的基础上，对4YB－Ⅰ型甘蓝收获机进行了三维建模，并确定了切割器的具体参数，但还未完成样机的制造和田间性能测试。浙江大学设计了一种甘蓝收获机械，能完成甘蓝的拔取导正、夹根输送、切割和外包叶去除等作业。

(3) 机型介绍

比较典型的有丹麦ASA-LIFT公司生产的悬挂式MK－1000E(见图6-10)。

图6-10 丹麦ASA－LIFT公司的悬挂式MK－1000E甘蓝收获机

如图6-11所示，作业时甘蓝由导向圆锥体引向螺旋输送器，经整平后，将甘蓝引向圆盘刀，切除甘蓝根部，由弹性橡胶带和梯形折弯铁杆组合而成输送器压紧甘蓝头部输送到接收输送装置，输送带张紧调节装置可适应不同大小的甘蓝；由带螺旋导槽的旋转柱体构成叶子分离螺旋分在输送过程中去除外包叶，液压缸可以调节收割高度。

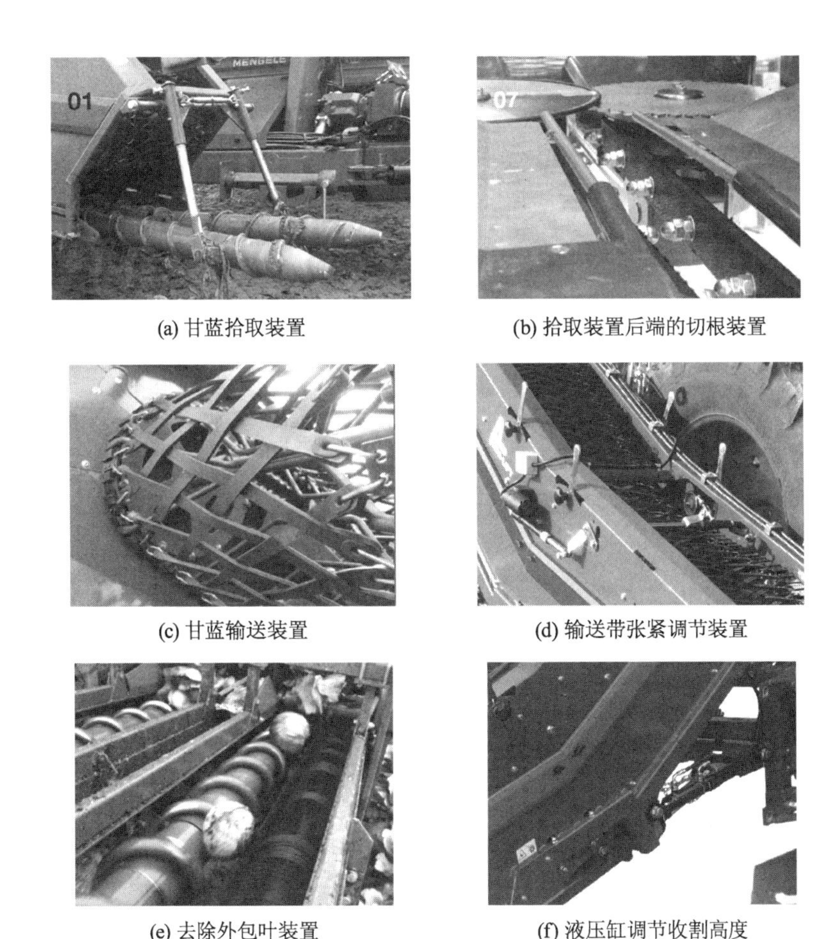

(a) 甘蓝拾取装置　(b) 拾取装置后端的切根装置

(c) 甘蓝输送装置　(d) 输送带张紧调节装置

(e) 去除外包叶装置　(f) 液压缸调节收割高度

图 6-11　甘蓝收获机各功能部件

6.3　根菜类蔬菜收获机械

根菜类蔬菜收获有两种方法:一种是将块根和茎叶从土壤内拔出,然后分离茎叶和土壤。按这种原理工作的机械称为拔取式收获机。另一种是在块根从土壤内被拔出之前,先切去块根的茎叶,然后再把块根从土壤内挖出,并清除土壤和其他杂物。按这种原理工作的机械被称为挖掘式收获机。根菜类蔬菜收获机最有代表性的为胡萝卜和马铃薯收获机。

6.3.1　胡萝卜收获机

1937 年,美国成功研制了世界上第一台拔取式胡萝卜收获试验样机,并在此基础上研制了一系列根类作物牵引式联合收获机。胡萝卜收获机包括拔取装置、输送系统和机架等,如图6-12所示。工作时,先由松土铲挖松土壤,拔取传送带夹持樱叶将胡萝卜拔出,输送至割刀处切除胡萝卜茎叶,根部随输送带装箱完成收获。通过田间试验,当胡萝卜收获机的具体参数为:拔取传送带速度0.5 m/s,倾斜角45°,拔取点高度5 cm,此时该机械能达到最佳工作指标:拔取率99.5%、根部破损率0.5%和输送成功率86.46%。

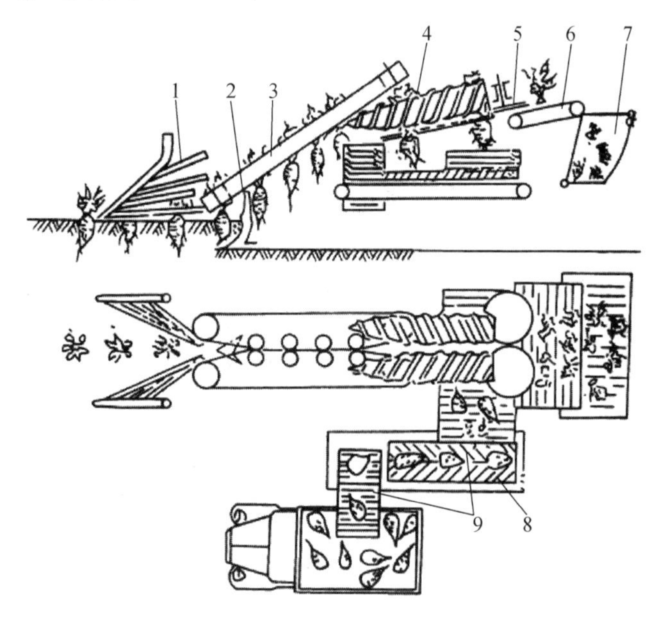

1—扶茎器;2—挖掘铲;3—拔取器;4—齐平器;5—切割器;6—茎叶输送器;
7—集叶箱;8—清理器;9—根茎输送带

图6-12 胡萝卜收获机

丹麦Asa-Lift公司生产的CM1000型拔取式胡萝卜收获机为小型牵引式联合收获机,包括拔取装置、输送系统和机架等,如图6-13所示。工作时,先由松土铲挖松土壤,拔取传送带夹持樱叶将胡萝卜拔出,输送至割刀处切除胡萝卜茎叶,根部随输送带装箱完成收获。主要技术参数:机重1 500 ~ 2 000 kg,配套动力59.7 ~ 104.44 kW,配套液压35 L/min,工作速度3 ~ 8 km/h。

图 6-13　CM1000 型拔取式胡萝卜收获机

丹麦 Asa - Lift 公司生产的 T - 120 型挖掘式胡萝卜收获机，采用先切顶后捡拾的收获方式，先将胡萝卜连叶打碎，再由锯齿刀盘将胡萝卜在根茎结合部下几厘米的部分切掉，然后通过松土铲将泥土和胡萝卜一起铲到输送装置上，筛网式的输送装置通过震动输送将泥土和胡萝卜分离，风机清选用来减少茎叶残留，收获后的胡萝卜主要用于深加工，如图 6-14 所示。

(a) 前示图

(b) 后视图

图 6-14　T - 120 型挖掘式胡萝卜收获机

6.3.2　马铃薯收获机

一般马铃薯收获机只用于马铃薯的收获，少数机型也可用于挖收甘薯、萝卜、胡萝卜和洋葱等。20 世纪初，出现了能使泥土和薯块分离的升运链式马铃薯收获机和抛掷轮式马铃薯挖掘机，20 世纪 50 年代后发展了能一次完成挖掘、分离土块和茎叶及装箱或装车作业的马铃薯联合收获机。

国内小面积收获时采用多种形式的挖掘犁，将薯块挖出地面后用人工捡拾。从 1958 年起，少数地区也采用了抛掷轮式挖掘机。马铃薯收获的工艺过程包括切茎、挖掘、分离、捡拾、分级和装运等工序。马铃薯收获机按照完成的工艺过程，大致可以分为马铃薯挖掘机和马铃薯联合收获机两种。有些马铃薯联合收获机上采用 X 射线作为土块与石头的分离器，利用不同物质对 X 射线的穿透阻力差异，使马铃薯与土块、石块等杂物分离。

(1) 马铃薯挖掘机

马铃薯挖掘机一般由限深轮、挖掘铲、抖动输送链、集条器、传动机构和行走轮等组成,如图 6-15 所示。它在带有悬挂装置的拖拉机的牵引下可快速高效地收获马铃薯,一次完成挖掘、分离铺晒工作,同时明薯率高,损伤率小。4V－550 型马铃薯收获机是我国使用比较广泛的一种抖动链式马铃薯收获机,如图 6-16 所示。该机与 29.4 kW 以上的拖拉机配套使用,适合于在地势平坦、种植面积较大的沙壤土地上作业。

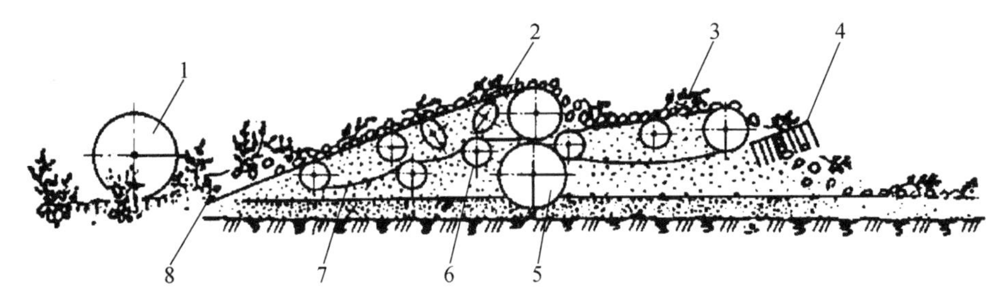

1—限深轮;2—抖动轮;3—第二输送链;4—集条器;5—行走轮;6—托链轮;7—第一输送链;8—挖掘铲

图 6-15　马铃薯挖掘机

图 6-16　4V－550 型马铃薯收获机

(2) 马铃薯联合收获机

马铃薯联合收获机一次作业可以完成挖掘、分离、初选和装箱等作业。其主要工作部件有挖掘铲、分离输送机构和清选台等,如图 6-17 所示。

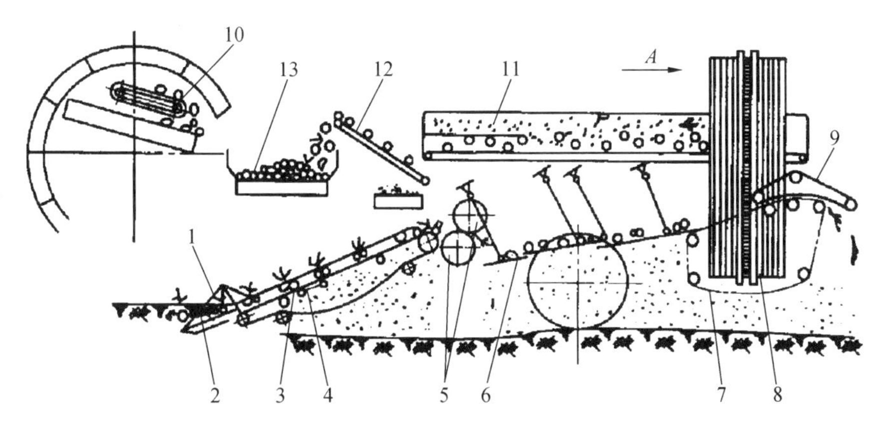

1—铡刀盘;2—挖掘铲;3—主输送器;4—抖动器;5—土块压碎辊;6—摆动筛;7—茎叶分离器;8—滚动筛;9—带式输送器;10—重力清选器;11—分选台;12—马铃薯升运器;13—薯箱

图6-17　马铃薯联合收获机

丹麦 Asa－Lift 公司生产的 KT80 型马铃薯收获机,如图6-18所示。主要技术参数:机重1 500～1 900 kg,配套动力59.7～74.6 kW,配套液压35 L/min,工作速度2～4 km/h。

图6-18　KT80型马铃薯收获机

6.4　果菜类蔬菜收获机械

国内外对于果菜类收获机的研究相对偏少,主要集中于加工用果菜类收获机的研究。如黄瓜收获机,能一次完成黄瓜及藤蔓的切割和拾取、黄瓜与藤蔓的分离、输送装箱等作业。中国农业机械化科学研究院研制的4ZGJT 500型籽瓜捡拾脱粒联合收获机,可一次完成南瓜等籽用瓜类的捡拾、割秧、脱籽等作业。保加利亚研制的辣椒收获机，可进行辣椒的采摘、收集、清选等作业，采收率高，损伤率低，与手工收获相比，劳动消耗降低 93%。针对如毛豆、豌豆等荚豆类蔬菜研制的收获机，多采用旋转刷子摘取豆荚和叶子，采用脱粒滚筒分离豆荚和叶子进行采收，但在实际生产中，分离效果并不理想，含杂率、损失率高。果菜类蔬菜因其复杂的生长状况使得机械化收获受到一定的限制，尤其是攀援瓜类蔬菜，如丝瓜、苦瓜等，鲜食荚豆类蔬菜，如刀豆、豇豆等，几乎没有机械化收获的研究。

6.4.1 番茄收获机

番茄收获机主要收获用于加工的番茄，为果菜类蔬菜收获机械的典型代表。国外该方面研究的起步较早，且技术也较为成熟，美国、意大利等国基本实现了番茄收获的机械化。目前国外技术成熟、应用较为广泛的有意大利的 MTS、格瑞斯、POMAC。这些番茄收获机的主要组成部分有割台部分、输送部分、分离装置、色选装置、动力系统、行走装置、控制部分等，可以同时完成番茄的切割、捡拾、输送、分离、色选、装车等工作，每天可以完成 2.67 hm^2 番茄的采收任务，相当于往年 240 个人工 1 天才能完成的工作量，平均采收费用比人工采收节约 4 179 元/hm^2 左右，采摘的番茄不仅杂质少，并且青果清除率达到 90% 以上。Meester 研制的一种小型番茄收获机，为现代番茄收获机的典型代表，该机械包括切割捡拾装置、输送装置、果秧分离装置、分选装置等。作业时，番茄果秧由往复式割刀割断，番茄秧及果实被捡拾装置捡拾后随输送带至果秧分离装置进行果秧分离，经过间隙时可排出一部分的泥土、石块等杂质，分离后的番茄秧随回收输送带排出，果实随加工输送带至分选装置进行分选，经过鼓风机时可进一步去除碎片等杂质，分选装置中不符合要求的果实被剔除，符合要求的果实则输出装车，结构如图 6-19 所示。

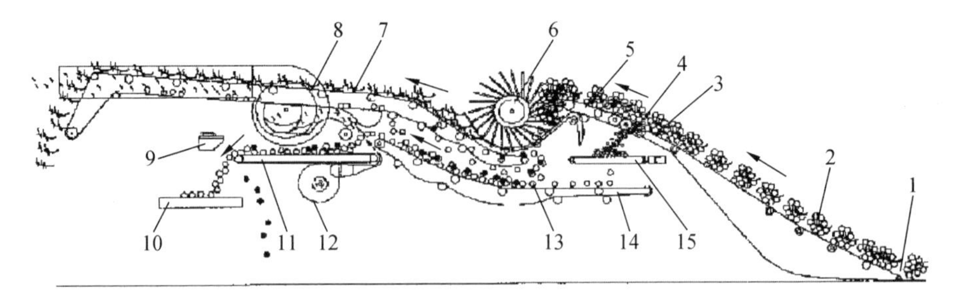

1—往复式割刀摇；2—带秧果实摇；3—捡拾输送带摇；4—输送带隙摇；5—接收输送带摇；6—果秧分离装置摇；7—回收输送带摇；8—吸引装置摇；9—分选装置；10—成品输送带摇；11—加工输送带域摇；12—鼓风机摇；13—番茄果实摇；14—加工输送带玉摇；15—碎片输送带

图 6-19 Meester 研制的小型番茄收获机

美国加州生产的 CTM 产 I－STAR 全自动自走式番茄收获机，是目前比较先进的番茄采收机，该产品安装有 64 通道电子色选仪，收获番茄效率达 60 t/h，相当于 600 个人工 1 d 作业 8 h 的工作量。I－STAR 型番茄采收机是世界上第一款可以收获垄播及平播种植番茄的收获机械。它采用直通式设计，果实在从地面收割、果秧震动分离、清杂、分选输送的过程中，果流不转弯，从而保证了果流的均匀性，可以进行高效的除杂和分选，同时降低果实损伤，如图 6-20 所示。

图 6-20　I－STAR 型番茄采收机

6.4.2　黄瓜收获机

黄瓜收获机根据所完成的收获工艺可以分为选择性收获机和一次性收获机两种类型。目前多采用一次性收获机进行作业，如图 6-21 所示。

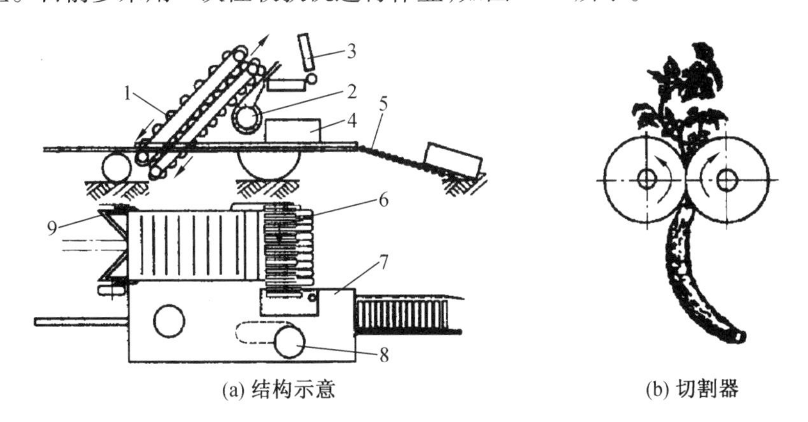

(a) 结构示意　　(b) 切割器

1—波纹捡拾器；2—风扇；3—摘果辊轴；4—黄瓜收集箱；5—滚道；
6—果实收集输送器；7—装箱台；8—座位；9—割刀

图 6-21　一次性黄瓜收获机

选择性收获机多采用机器人结合视觉识别等系统。1996 年，荷兰农业环境工程研究所（IM AG）开始研究出一种多功能模块式黄瓜收获机器人。该研究在荷兰

2 hm^2的温室里进行，黄瓜按照标准的园艺技术种植并驯化成高拉线缠绕方式吊挂生长。该机器人机械手只单个收获，收获成熟黄瓜过程中不伤害其他未成熟的黄瓜。采摘通过末梢执行器(由机械爪和切割器构成)完成。末梢执行器和机械手安装在行走车上，行走车既是一个稳定的工作平台，又要为机械手的操作和采摘系统的初步定位服务。收获后黄瓜的运输由一个装有可卸集装箱的自走运输车完成。机器人和自走运输车不用人工干预就能在温室里工作。

自走式黄瓜收获机器人必须能够在某一特定环境探测出可以收获的黄瓜，然后采摘并将其放置到运输车上的集装箱内。自走式黄瓜收获机器人由行走车、机械手、视觉系统和末梢执行器 4 部分组成，如图 6-22 所示。

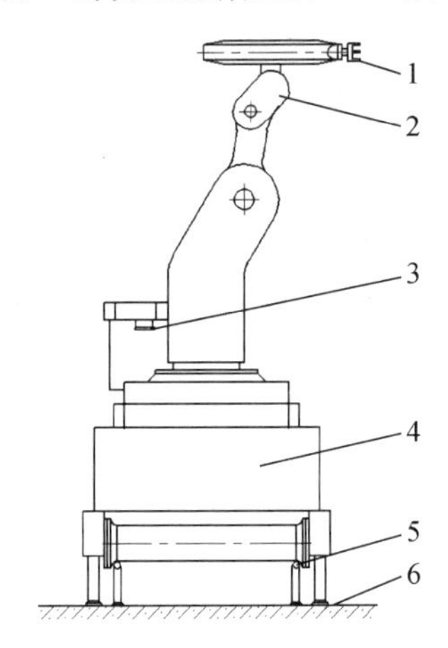

1—末梢执行器；2—机械手；3—视觉系统；4—行走车；5—加热管道(作导轨)；6—地面

图 6-22　自走式黄瓜收获机器人

行走车主要用于机械手和末梢执行器的初步定位，上面装有完成收获任务的所有硬件和软件。来自视觉系统的信号通过程序，控制机器人的行走、机械手的动作、末梢执行器的抓取、切割动作。机器人的行走速度为 0.8 m /s，每前进 0.7 m 就停下来探测成熟的黄瓜，并让机械手在它的工作区域内采摘探测到的成熟黄瓜完成收获过程。

第 7 章　蔬菜生产机械化模式

7.1　国外蔬菜产业与机械化发展经验

7.1.1　国外蔬菜生产典型模式

根据国外蔬菜产业发展特点，可概括出以下几种典型模式。

(1) 美加模式

美加模式以美国、加拿大、澳大利亚为典型，其产业特征为大生产、大流通，生产特点是自然条件优越，生产布局区域化；以农场为主体，生产高度专业化；大规模农场生产，促进全程机械化；在育种、环境和农药等方面科学管理；实现了产前、产中、产后全程社会化服务；公司制农场实现产供销流通一体化。机械化技术选择走资源集约化和机械化道路，蔬菜生产趋向全程机械化、高技术、多功能、大型化、自动化。

以美国为例，美国的自然气候条件适宜发展蔬菜产业，50 个州中有 37 个州从事蔬菜生产。加利福尼亚州的蔬菜生产处于领先地位，2015 年加利福尼亚州蔬菜生产面积(含瓜类)占全国的 46%，产量占 58%，产值占 51%。佛罗里达州、亚利桑那州、佐治亚州、纽约州的面积、产量和产值依次位列第二、第三、第四和第五；2015 年美国蔬菜产量居前三位的分别是洋葱、生菜和西瓜，占全国的 36%；产值居前三位的分别是西红柿、结球生菜和长叶生菜，占全国的 29%。美国蔬菜生产布局区域化特征明显，已率先实现蔬菜产业现代化，实现了蔬菜周年均衡供应。

美国蔬菜产业发展特点可归纳为：一是生产区域化，主要体现为适应市场竞争的需要，气候和土质等自然优势的良好条件，发达的交通运输和通信条件。二是布局专业化，蔬菜生产布局因地制宜，四大片区(中南区、西南区、南部区和北方区)的冬季、早春、夏秋蔬菜生产基地根据各自的气候和土壤条件专门生产几种最适宜的蔬菜供应全国。三是产业服务社会化，美国蔬菜产业服务体系十分完善，整个蔬菜产业已基本实现了全过程社会化服务，专业化生产以社会化服务为前提，生产工艺划分为若干不同职能的专门作业，分别交由不同农场完成，可靠的合同信用和完善的社会化服务是该模式必备的前提条件。四是全程机械化，美国蔬菜生产实现了全程机械化,部分环节已经实现了自动化,智能化机械的应用也日益普遍。美国蔬菜生产机械化特点可概括为:蔬菜机械趋向大型化,技术趋向智能化,配套高技术拖拉机,普遍应用多功能机械,装备和机具质量稳定、性能可靠,耐久性好,农机装备的售后服务好。

(2)海岛模式

海岛模式以日本、韩国为典型,产业特征是小生产、大流通、进口主导,生产特点是人多地少,生产主体以家庭农户为主;生产布局“分散生产、集中供应”;生产目的以供应国内市场需求为主;生产方式走精致化道路;通过农协等实现集约化和规模化。机械化技术选择以提高劳动效率,减小劳动强度为目标,蔬菜生产趋向设施化、小型配套机械化。

以日本为例,日本国土南北狭长,地形以山地为主,四季分明,雨量充沛,土质肥沃,气候条件适宜发展蔬菜产业,但日本人多地少,蔬菜产业发展受到人均资源的制约。日本利用有限的土地确保了蔬菜供给安全,满足了国内蔬菜消费需求,其蔬菜产业发展模式成为许多自然条件相似国家的典范。日本也曾面临过单种蔬菜作物的种植面积较小,栽培模式多种多样,同时开发适合每种栽培模式的机械不易,而且即便开发成功也会因成本过高等因素而难以推广应用的问题。为此,1994年1月日本农林水产省设立了以经验丰富的学者、生产者、作物栽培和农业机械生产者和使用者为成员的“栽培模式标准化推进会议”制度。日本采取将土地租赁给蔬菜生产者,并在大规模水稻生产户中建立蔬菜生产组织等措施推进规模化生产,建立了契约式生产体系,保证蔬菜收购量和价格的稳定,减轻蔬菜生产者的负担。通过以上措施,日本蔬菜生产者虽然不断减少,但蔬菜种植面积和产量保持了平稳发展态势。

日本蔬菜产业发展特点可归纳为:一是注重先进技术的应用和科技创新,形成了规模化、专业化的蔬菜生产基地,广泛采用先进的栽培技术、良种繁育技术和机械化技术。这种模式以机械技术进步来替代劳动力为主,辅以化学及生物型技术进步以节约土地资源,除部分果菜类的采收环节尚未实现机械化外,蔬菜生产从播种、育苗、施肥直至收获、包装、上市都基本上实现了机械化,并向高性能、低油耗、自动化和智能化方向发展。二是农协是组织和发展蔬菜生产的基本元素,日本人均耕地面积小,难以自发形成较大规模的生产经营主体,农协等合作形式有利于提高蔬菜产业的组织化程度。三是在政府宏观管理方面,日本从中央到地方普遍实行一体化的蔬菜管理体制,颁布了10余项法律法规实行依法治理,实行指定品种、指定产地、指定消费地的产销计划管理,建立了完善的信息系统,为保护农民利益和稳定物价,对农产品实行严格的保护措施等。

(3) 欧洲模式

欧洲模式以欧盟为典型,欧盟拥有多样化的气候和地形条件,其发展环境介于美加模式与海岛模式之间,蔬菜种类非常丰富,欧盟是全球主要的西红柿产地之一,欧盟南部成员国以露地生产为主,温室生产为辅,荷兰或比利时则是以蔬菜周年温室生产为主。蔬菜是欧盟有机农业的重要内容之一,2014 年在欧盟的 38 000 个有机农业生产商中,从事水果和蔬菜的占比为 18.5%。在蔬菜生产方面,欧盟通过规模化使蔬菜生产走向现代化。在规模扩大进程中,政府扶持成效显著,如德国在 20 世纪 50 年代制定了农业结构政策,法国颁布《农业指导法》以实施土地集中。在蔬菜国际贸易方面,欧盟采取多种支持措施,增加蔬菜产业的国际竞争力,促进蔬菜出口贸易。在蔬菜产业宏观管理方面,欧盟依托共同的农业政策,引导各国蔬菜产业协调发展。

纵观国外蔬菜生产机械化的发展历程,几乎都是在实现大田作物生产机械化后才开始考虑蔬菜生产机械化的。通过引进或改制大田作物,通用机械实现耕整地、播种、施肥、田间管理等作业环节的机械化,然后研制蔬菜栽培的移栽和收获等专用机具。近年来国外蔬菜生产机械化发展速度很快,欧美和日本等发达国家的发展速度更快。目前世界上蔬菜生产机械化程度较高的有美国、日本、德国、法国、意大利等,设施蔬菜栽培与环境控制技术十分先进。日本的植物工厂、荷兰的设施农业、以色列的节水灌溉等在世界上占有重要地位。对比分析国外蔬菜产业发展模式可知,美国蔬菜生产机械化水平最高,从育种到田间管理均实现了机械化,80% 以上采用机械化育苗,在耕整地和播种环节,机械化率基本达到 100%,西红柿、芹菜、花菜等蔬菜移栽已实现了机械化,田间管理环节以沟灌和喷滴灌为主已基本实现了机械化,收获环节除部分果菜和叶菜类蔬菜的收获尚需要依靠人工,块根类蔬菜已基本实现了机械化收获。

7.1.2　国外蔬菜机械化生产系统优化经验

近年来国外在蔬菜机械化生产方面研究重点是优化机械化生产系统,在技术集成、资源节约、环境友好、成本收益等方面的研究较多。日本农林水产省从 1994 年起,针对蔬菜播种面积小,各地栽培方式多种多样,机械作业效率较低,机具性能受限等问题,实施了由蔬菜种植户、农艺栽培专家、农机专家等多方参与的推进蔬菜种植方式标准化研究,研究了卷心菜、白菜、生菜、菠菜、葱、萝卜、胡萝卜、牛蒡、甘薯、马铃薯、芋艿等 11 个标准的栽培作物模式并推广使用(见表 7-1)。图 7-1 所示为日本蔬菜种植模式示例。

表 7-1　日本蔬菜机械化种植模式

作物	单垄行数/行	垄距/cm	垄高/cm	行距/cm	株距/cm	适宜的高性能农机具
卷心菜	1	45	0～20	—	30～45	蔬菜全自动移栽机
		60	0～20	—	30～45	卷心菜收获机
	2	120	0～25	45～60	30～45	蔬菜栽培管理车
白菜	1	60	0～20	—	30～50	蔬菜全自动移栽机
	2	120	0～25	40～60	30～50	蔬菜栽培管理车 白菜收获机
生菜	1	45	0～20	—	25～40	蔬菜全自动移栽机
	2	90	0～15	40～45	25～40	蔬菜栽培管理车
菠菜	4～6	120	0～20	15～20	2～15	非结球型叶菜收获机
	平垄栽培	无限制	0～20	15～20	2～15	蔬菜栽培管理车
大葱	1	90	10～25 (30～50)	—	2～4	葱收获机
		120	10～25 (30～50)	—	2～4	
青葱	3～6	120	0～20	15～35	15 以下	非结球型叶菜收获机
萝卜	1	60	0～20	—	25～35	萝卜收获机
	2	120	0～25	30～60	25～35	蔬菜栽培管理车
胡萝卜	2	60	0～20	15～20	5～15	蔬菜栽培管理车
	4	120	0～25	15～20	5～15	
牛蒡	1	60	0～15	—	5～15	牛蒡收获机
甘薯	1	90	20～30	—	25～40	通用薯类收获机
马铃薯	1	75	15～30	—	20～35	通用薯类收获机
芋艿	1	120	0～25 (35)	—	30～60	通用薯类收获机

注:数据来源于 www. shinnouki. co. jp/youshiki/index. html。

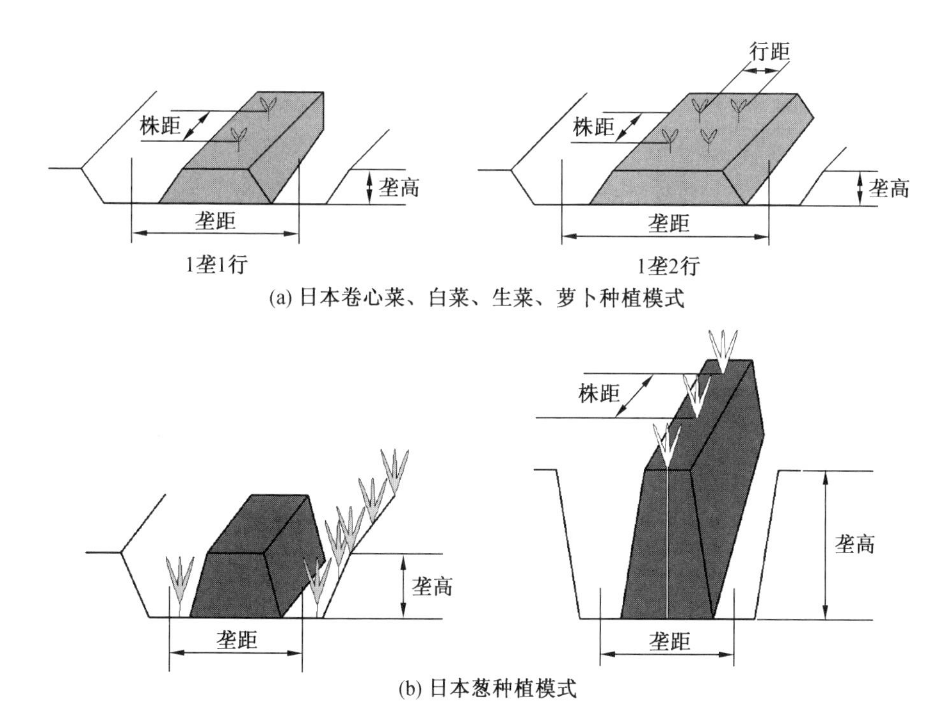

(a) 日本卷心菜、白菜、生菜、萝卜种植模式

(b) 日本葱种植模式

图 7-1　日本蔬菜种植模式示例

澳大利亚 McPhee 等探索了在蔬菜生产中采用固定道保护性耕作方式对土壤物理性质及耕作的影响，结果表明固定道保护性耕作有利于改善土壤物理性质，与传统耕作方式相比减少耕作 20% ~60%，但也存在着蔬菜生产中的机械轨距兼容等局限性。澳大利亚 McPhee 等从固定道耕作技术在蔬菜生产中的应用角度，以澳大利亚塔斯马尼亚蔬菜生产为对象，研究了基于复杂地形的固定道耕作方式蔬菜生产布局设计，以及多样化蔬菜生产中机械化面临的挑战和技术途径，轮距和工作幅宽标准化是发展集成化固定道耕作技术的核心，蔬菜各环节机具作业对轮距和工作幅宽的兼容性或配套性是两个关键的问题（见图 7-2）。荷兰 Vermeulen 等以荷兰有机农场种植豌豆、洋葱、胡萝卜、菠菜等为例，研究了有机蔬菜生产中采用季节性固定道耕作方式下的土壤、作物和温室气体排放等方面的影响（见图 7-3）。

日本生研中心基础技术研究部塙圭二以应对农村老龄化现状，降低拖拉机驾驶员劳动强度，优化蔬菜全程机械化生产系统为目的，与三菱农机株式会社联合研究了适宜垄作栽培蔬菜等作物播种、起垄、作业，基于拖拉机自动驾驶图像处理的高精度直线作业辅助装置，分析了该装置结构和性能，并在鹿儿岛县进行了现场演示，有利于后续田间管理等环节包括施肥、施药和中耕除草等机械化作业精度的提高。

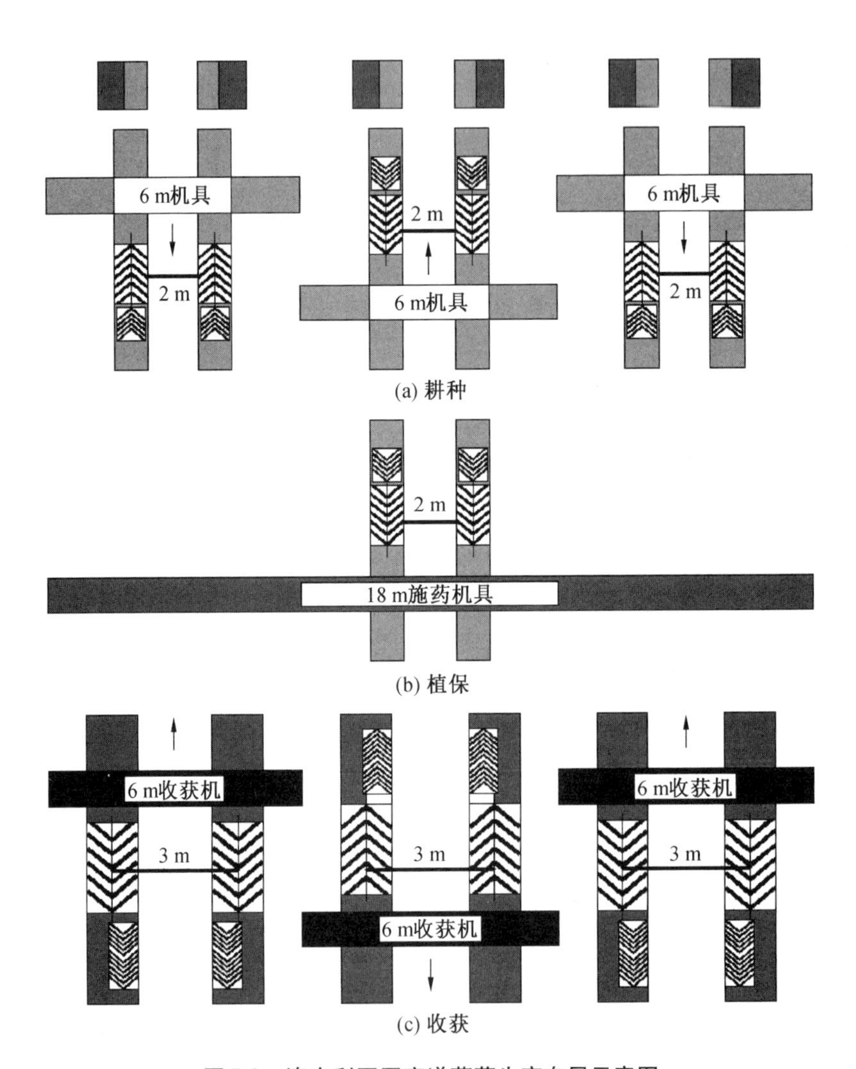

图 7-2　澳大利亚固定道蔬菜生产布局示意图

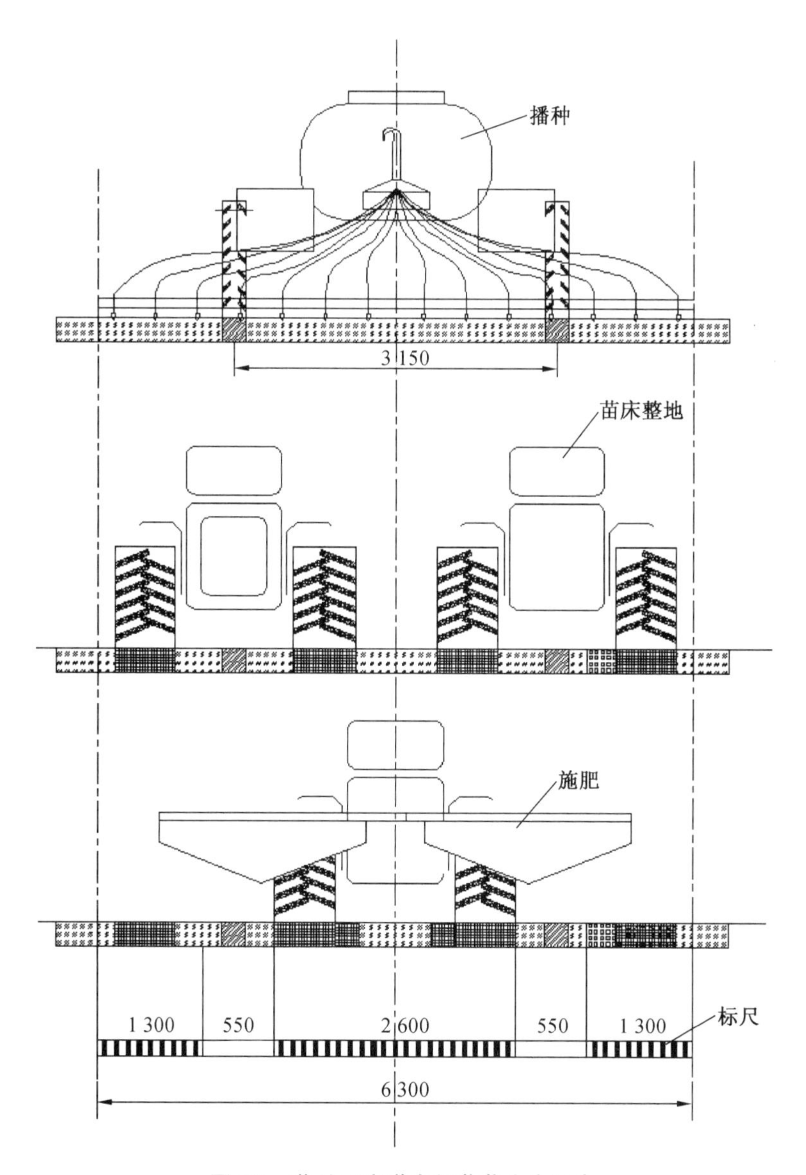

图 7-3　荷兰固定道有机蔬菜生产示意

日本农林水产省为推进蔬菜机械零部件通用化、降低蔬菜移栽机和育苗成本，从 1994 年起开展了适宜叶菜类蔬菜全自动移栽机的育苗盘主要尺寸等标准化研究，提出了育苗盘的标准规格并推广应用。韩国 Jung – Myung Lee 等研究了起源于日本和韩国的蔬菜嫁接技术发展现状，为了降低嫁接苗价格和提高嫁接质量，从而提高蔬菜产量，以蔬菜自动化和高效嫁接机或机器人作为目前技术发展重点。印度 Prasanna Kumar 研究了一种行走式手扶拖拉机驱动纸钵苗蔬菜移栽机，包括两套物料输送机、计量输送机、落苗管、开沟器、覆土器、自动送料机构，深度调节轮和挂接装置。用该机对移栽西红柿进行了试验，栽植间距 45 cm×45 cm，前进速度 0.9 km/h，该机生产率为 0.026 hm^2/h，与传统人工移栽相比可节省68%的劳动力和80%的时间，栽插率为32盆/min，漏栽率4%，斜栽率5%，覆土效率为81%左右，移栽质量符合要求。西班牙 S. Arazuri 等研究了机械化收获方式对加工西红柿物理性能的影响，大部分影响西红柿的机械动作是在收获和运输环节，会导致西红柿品质下降。为了确定机械化收获的影响，实验室针对不同西红柿品种进行了机械化收获及评估。冲击试验表明，在西红柿底部硬度损失高达30%，西红柿皮抗开裂损失约6%。

7.2 我国蔬菜生产机械化模式探索

7.2.1 我国蔬菜生产机械化发展环境分析

农业机械化是农业系统的子系统，其发展受诸多环境因素制约，蔬菜生产机械化发展应结合其产业特点，综合考虑自然环境、经济环境、社会环境等因素的制约。

(1) 自然环境

我国土地辽阔、耕地相对肥沃、自然区位和生态条件适宜大部分蔬菜生产，但我国土地资源的人均占有量十分缺乏。我国自然资源条件与蔬菜产业发展之间的相互影响和制约关系随着生产力发展水平的不同在不断调整，在生产力水平较低阶段，蔬菜产业发展对自然资源的依赖性较大，生产力水平的提高有利于弥补自然资源的不足。我国良好的自然资源禀赋为蔬菜生产率的提高提供了条件和原动力，土地资源紧缺从客观上促进了以提高综合效益为目标的农业科技创新，以及对蔬菜机械化生产技术的迫切需求。

(2) 经济环境

农业机械化发展的经济环境可分为宏观经济环境、农业经济环境、非农产业和农机工业发展水平等方面，经济环境对蔬菜生产机械化发展的影响体现在：国民经济发展水平的高低一定程度上决定了蔬菜生产机械化投入的水平和能力，决定了农业生产过程中对蔬菜机械化生产方式的需求。通常国民经济发展水平越高，城乡劳动力成本就越高，农村劳动力转移的外在动力和需求就越大，在蔬菜生产过程中使用机械替代人工的需求就会更加迫切，从而对蔬菜机械化生产技术体系发展的需求也会更加迫切。同时农村的经济体制也决定着农业装备的管理运行方式及经营规模，国家宏观经济政策体现着社会经济对蔬菜产业及蔬菜生产机械化发展的政策导向、关注程度和支持力度，涉及政策、资金、项目、技术、人才等资源的配置,直接影响社会资源的流向,从而间接对蔬菜生产机械化发展速度和方向产生影响。

(3)社会环境

社会环境对蔬菜生产机械化发展的影响体现在两方面。在人口环境方面,农村劳动力大量转移使得蔬菜产业对机械化技术的需求增加,这有利于蔬菜生产机械化的发展,劳动力素质的不断提高有利于农户对蔬菜生产机械化技术的接纳和推广应用。2004年《农业机械化促进法》的颁布实施为农业机械化发展提供了法律保障,推动了蔬菜生产机械化的发展。在技术环境方面,对蔬菜发展影响较大的是良种选育和设施栽培两项技术,其中农机设计制造水平与工业技术水平和装备制造能力密切相关,农业生产技术与农机应用过程紧密相关,各种农机装备使用和管理与各类技术人才情况密切相关,蔬菜生产机械化技术也涵盖了以上技术领域。综上所述,蔬菜生产机械化发展的物质基础是非农产业发展水平与农机工业发展水平,蔬菜生产机械化发展的经济基础是农村经济发展水平特别是农民人均收入,蔬菜生产机械化发展的前提条件是城镇化进程加快带来的农村剩余劳动力转移,蔬菜生产机械化发展的必备条件是规模化生产经营组织方式,蔬菜生产机械化发展的社会条件是农机服务社会化水平和蔬菜产业从业人员的受教育程度。

7.2.2 蔬菜生产机具配置原则与理论依据

农业机械优化配备的最终目的是在按时按量完成农业生产任务的前提下,最大幅度提高机械作业效率,降低生产成本。为满足以上两个目标,首先应对作业目标的生产任务进行全面调查分析,然后计算出完成生产任务应配备的农业机械数量,最后从中选择最优的农业机械配备方案。在以往研究中,如何确定最优方案主要遵循作业成本最低、生产效益最大和动力配置最小等原则。

① 作业成本最低

在生产任务和其他条件基本相同的情况下,将农业机械年固定费用和可变成本(油料、劳动力、维修费、种子和农药等)作为机器作业的总成本,单位面积所需投入的机械成本最小,这是普通农机户或投资者在进行农机优化配备时最先考虑的因素。

② 生产效益最大

效益最大化是以生产效益为目标函数,对农业机械系统进行优化配备,优化结果以定量化的利润显示,因而可以直接指导用户进行决策。

③ 动力配置最小

该原则是从生产过程中能量消耗最少的目的出发,是系统工程思想的延伸和发展。从理论角度分析,动力消耗问题一般是先根据经验确定某种作业单位幅宽或单位产量所需动力,然后确定需要配置的总动力,但在实际应用过程中,能量的消耗难以测算,主观经验存在差异,所以误差较大,不能满足用户的实际需求,仅适合科研实验。

(1) 思路与方法

农业机械优化配备方案主要考虑种植面积、机具作业效率、成本因素等,因此下文用“经济成本”这一指标来计算农业机械的配备方案。考虑到数据资料的可获得性,“经济成本”拟包含3个方面:劳动力成本、农业机械年折旧成本和油耗成本。具体方法及步骤如下:

① 设定假设条件

为便于研究,需给出一些假设条件。假定:a. 土地经营规模在一定范围内;b. 同类机械作业质量无差异;c. 机械使用寿命相同,并且在此期间各机型维护维修费用不存在明显差异;d. 每个劳动力每天作业时间相同,且劳动无差异;e. 所有农业机械消耗的燃油均为柴油。

② 搜集基础信息

列出作物种植生产过程中可使用不同机具进行作业的环节;采集这些环节使用机械类型、作业效率、机械价格、单位面积油耗、涉及工种及各工种所需人数、各工种价格、该项作业可作业天数等基础信息。

③ 计算经济成本

通过计算出一定的经营规模下各环节不同机型作业情况下所需的机械数量、人工数量、人工成本、机械年折旧成本、油耗成本等数据,从而计算出经济总成本,即“人工成本 + 机械年折旧成本 + 油耗成本”。关键数据计算公式如下:

a. 机械数量。

$$N_{\mathrm{m}} = CEILING\left(\frac{M}{E \times T \times T_{\mathrm{mw}}}\right)$$

式中:N_{m}——一定经营规模条件下某个环节作业所需某种机械数量,单位为台(套);

M——土地经营规模,单位为亩;

E——作业效率,单位为亩/h;

T——每天作业时间,设为8 h;

T_{mw}——某个工作环节机械可下地作业天数,d。

b. 人工成本。

$$C_{\mathrm{P}} = CEILING\left(\frac{M}{E \times T \times N_{\mathrm{m}}},1\right) \times \sum P_j N_j$$

式中:C_{p}——一定经营规模条件下某个环节某机械作业所需配套的人工成本,单位为元；

P_j——某个环节中 j 工种的价格,单位为元/(人·天)；

N_j——某个环节中 j 工种所需人数,单位为人；

Σ——为求和函数。

c. 机械年折旧成本。

$$C_m = \frac{P_m N_m}{S}$$

式中:C_m——一定经营规模条件下所需某种机械折旧成本,单位为元；

P_m——机械价格,单位为元/台(套)；

S——机械寿命,设为10年。

d. 机械油耗成本。

$$C_o = ML_{um}P_o$$

式中:C_o——一定规模条件下所需某种机械油耗成本,单位为元；

L_{um}——单位面积油耗,单位为升/亩；

P_o——柴油价格,价格为7元/L。

e. 经济成本。

$$C = C_p + C_m + C_o$$

式中:C——一定规模条件下某机械作业项目所需耗费经济成本,单位为元。

④ 制订机具配备方案

根据计算结果,结合经营者的生产规模制订适合的机具配备方案。

(2) 实证分析

基于以上思路,以江苏省辣椒种植为例进行实证分析,辣椒种植的人工作业成本和机械化作业成本见表7-2。

从表7-2可见,露地辣椒机械化作业的工资是人工作业的2倍,主要是因为机手的工资远远高于普通劳动力。但是机械化作业的效率大大超过人工作业,是人工作业的6～61倍。所以,当种植规模逐渐增大时,机械化作业的优势逐渐显现。

经过计算,露地辣椒各环节人工作业成本为:耕整地为3 125元/hm^2;作畦为2 222元/hm^2;移栽为1 818元/hm^2;植保为1 538元/hm^2;4个环节作业成本合计8 703元/hm^2。各环节机械化作业成本:耕整地为565元/hm^2;作畦为377/hm^2;移栽为709元/hm^2;植保260元/hm^2;4个环节作业成本合计1 911元/hm^2。

表 7-2　露地辣椒种植人工作业成本和机械化作业成本

作业环节	人工作业		机械化作业			
	作业效率/（hm^2·天$^{-1}$）	工资/（元·天$^{-1}$）	作业效率/（hm^2·天$^{-1}$）	油耗/（L·hm^{-2}）	配套人工/人	工资/（元·天$^{-1}$）
耕整地	0.032	100	0.8	45	1	200
作畦	0.045	100	1.2	30	1	200
移栽	0.055	100	0.6	6	2	200
植保	0.065	100	4.0	30	1	200

露地辣椒机械化种植固定成本及盈利面积见表 7-3。

表 7-3　露地辣椒机械化种植固定成本及盈利面积

环节	机具固定成本/元	年均折旧费/元	盈利面积/hm^2
耕整地	32 000	6 400	2.50
作畦	8 000	1 600	0.87
移栽	20 000	4 000	3.61
植保	3 000	600	0.47
总计	63 000	12 600	1.86

由表 7-3 可以看出，四环节（耕整地、作畦、移栽、植保）机具购置总成本约为 6.3 万元。以上机具假定使用寿命约为 5 年，折合年机具购置成本为 12 600 元。由此可计算出，当辣椒种植面积超过 1.86 hm^2时，使用机械化作业即可达到节本增效的目的。如果只对作业某个环节配备机具，则当耕整地面积超过 2.5 hm^2，作畦面积超过 0.87 hm^2，移栽面积超过 3.61 hm^2，植保面积超过 0.47 hm^2时，机械化作业即可比人工作业节省成本。由于实际生产中使用到的蔬菜收获机具极少，蔬菜收获基本依赖于人工作业，故未将收获环节纳入本分析中。

由此可见，蔬菜机械化生产更适合于达到一定生产规模的经营者，并且生产规模越大，机械化生产节本增效的优势就越明显。

7.2.3　我国典型地区蔬菜生产机械化解决方案

在我国实现蔬菜机械化的进程中，分析技术经济效果时应考虑以下几个方面：蔬菜机械化的发展既受经济规律制约又受自然规律制约，不仅要考虑经济效果，还要兼顾土地生产率和农业生态问题；既要关注当前的局部的经济效果，还要考虑全局的长远经济效果。由于各地的自然条件不同，蔬菜生产布局、种植制度技术措施差异很大，蔬菜机械的投放、选型、配套及使用会产生不同的技术经济效果，应根据不同地区的不同情况进行技术经济分析。我国人多地少，蔬菜机械化应从技术经济角度走选择性机械化的道路，在评估技术经济效果时，既要考察直接经济效果，也要注重间接经济效果。针对我国蔬菜生产农机与农艺技术脱节、生产环节可用农机具缺乏、各生产环节机具不配套的问题，本文以无锡礼贤、山东鑫诚、内蒙古通辽、四川郫县和彭州的露地蔬菜生产及上海和北京的设施蔬菜生产为典型，改进了蔬菜生产技术模式，提供了一种农机与农艺技术结合，主要适用于露地蔬菜轻简生产的机械化解决方案。其主要生产环节通过机械化手段实现，能够大大减少用工，节省人工成本，适用于专业化程度高、种植规模较大的蔬菜基地，有利于提高蔬菜种植效率和收益，缓解蔬菜产业面临的农村劳动力紧缺的突出问题，且适合当地种植条件，在机具配套时可根据各地生产实际并结合技术经济等条件进行选配。由于我国蔬菜机械化生产尚处于起步阶段，各生产环节间农机与农艺配套不够，装备还比较欠缺，下文介绍的各地区蔬菜机械化生产解决方案作为探索我国蔬菜生产机械化技术模式的具体实践，还有待完善，在此仅供参考。

（1）江苏常熟碧溪露地青花菜生产机械化模式

① 青花菜种植概况及农艺要求

a. 青花菜特性及种植特点。青花菜属于十字花科芸薹属甘蓝种，是其中以绿色或紫色花球为产品的一个变种，青花菜是一年或二年生草本植物，别名绿菜花、西兰花、意大利芥蓝、木立花椰菜、茎椰菜等，原产于地中海沿岸，其外部形态与花菜相似，但植株较高大，叶片较窄，与花菜相比主要差异在于主茎顶端的花球。青花菜的生长发育周期和各发育阶段的时期界限均与花菜相同。青花菜的营养价值比白花菜高1倍，美国生化学家雷地研究发现青花菜含有抗癌物质，是国际市场上非常畅销的蔬菜。青花菜于19世纪传入我国，改革开放以来我国青花菜消费迅速增长，栽培面积不断扩大，春秋季都可种植，易于栽培和管理，种植效益较好；种植青花菜具有扩大出口创汇和增加农民收入的作用，市场前景良好。

b. 自然条件与农艺要求。青花菜对环境条件的要求与花菜相似，但抗热及耐寒性均优于花菜，适应温度范围较广，生育适温为20～22 ℃，花蕾发育适温为16～22 ℃，温度如果超过25 ℃则发育不良，温度低于5℃则会生长缓慢，青花菜能耐短期霜冻。青花菜播种期比花菜长，供应期也比花菜长。青花菜为喜肥水、喜光照作物，在生长过程中需水量较大，需要保持土壤湿润，以排水良好、保肥保水力强的壤土或沙壤土为宜，特别是在育苗阶段，防旱和防涝更是青花菜种植中苗期管理重点。青花菜需要足够的氮、磷、钾肥及硼、镁、钼等微量元素的供应。酸碱度适宜范围以pH值为6最佳。

② 青花菜生产机械化作业工艺研究

a. 青花菜生产工艺流程。青花菜与花菜的栽培技术相似，露地栽培作为一种开放经济的栽培方式应用较广泛，以长江中下游地区露地栽培方式为例，春秋两季均可进行露地栽培，春季于2～3月定植，4～5月收获，秋季于8月定植，10月收获。根据蔬菜生产农机装备现状和长江中下游地区种植条件,设计青花菜机械化生产主要工艺过程如下:机械化育苗播种—机械化施肥—机械化耕整地—机械化移栽—机械化化田间管理—人工采收。各工艺过程的农业机械选型,应该有利于实现青花菜特色的耕作体系和提高作业质量,根据现有设备基础和所在地自然条件等情况,结合我国农机市场适用动力机械和各环节作业机具型号进行选型配备。

b. 主要环节技术方案。以常熟碧溪基地为例,青花菜采用垄作方式和轮作制度,以露地栽培模式为主,本书机械化生产技术模式结合当地青花菜生产农艺技术规程而制定,垄形尺寸为垄顶宽 65 cm,垄距 120 cm,垄高 20 cm,垄沟底宽 30 cm。通过选用精量播种机、施肥机、精整地机、蔬菜移栽机、喷灌装置、施药机等装备,依次完成育苗、施肥、耕整地、移栽、灌溉、植保等 6 个主要生产环节,各生产环节的作业时间和作业内容根据农艺技术规程和机具作业规范确定(见表 7-4)。

表 7-4　常熟碧溪露地青花菜机械化生产技术模式

<table>
<tr><th colspan="2">作业环节
(时间)</th><th>作业规程</th><th>技术模式</th><th>配套机具</th></tr>
<tr><td rowspan="2">育苗</td><td>1 月初</td><td rowspan="2">播前种子消毒,每穴 1 粒,深度 1 cm,具 3 ~ 4 片真叶、根系发达并紧密缠绕基质成团时可移栽</td><td rowspan="2">机械播种育苗</td><td rowspan="2">盖板式精量播种机</td></tr>
<tr><td>7 月中旬</td></tr>
<tr><td rowspan="2">施肥</td><td>2 月中旬</td><td rowspan="2">有机肥 1 t/亩,复合肥 30 kg/亩</td><td rowspan="2">机械撒肥</td><td rowspan="2">KANRYU
MF1002 撒肥机
东风井关 JKB18C
多功能机撒肥</td></tr>
<tr><td>8 月初</td></tr>
<tr><td rowspan="2">整地</td><td>2 月中旬</td><td rowspan="2">旋耕整地起垄,表面平整,土壤细碎。耕深≥80 mm,碎土率≥50%。垄面宽 65 cm,垄距 120 cm,垄高 20 cm</td><td rowspan="2">机械整地</td><td rowspan="2">华龙 1ZKN – 125
精整地机</td></tr>
<tr><td>8 月初</td></tr>
<tr><td rowspan="2">移栽</td><td>2 月底</td><td rowspan="2">行距 400 mm,株距 400 mm</td><td>半自动移栽</td><td>华龙 2ZBZ – 2 半自动蔬菜移栽机</td></tr>
<tr><td>8 月中旬</td><td>全自动移栽</td><td>洋马 PF2R 乘坐式全自动蔬菜移栽机</td></tr>
<tr><td>灌溉</td><td>移栽后即进行,以后酌情灌溉。</td><td>根据作物需求,喷洒均匀,灌溉量适中</td><td>喷灌</td><td>喷灌带</td></tr>
<tr><td>植保</td><td>移栽后一周及成熟前 20 天</td><td>根据病虫害情况,喷洒均匀,覆盖全面</td><td>机械植保</td><td>东风井关 JKB18C
多功能机施药</td></tr>
<tr><td rowspan="2">收获</td><td>4 月底</td><td rowspan="2">花球充分长大,花蕾颗粒整齐,不散球,不开花</td><td rowspan="2" colspan="2">人工采收</td></tr>
<tr><td>10 月中旬</td></tr>
</table>

具体步骤:第 1 步,机械化育苗。依次完成苗盘清洗消毒、基质准备、装盘压

穴、播种、覆土、浇水催芽、日常管理等作业内容，可选用盖板式精量完成播种作业。第 2 步，机械化施肥。依次完成散撒有机肥、碎土混匀等作业内容，若土质为黏土，在耕整地时需先犁翻，晒 2 ~ 3 天太阳后再粉碎起垄，可选用 KANRYU MF1002 撒肥机或东风井关 JKB18C 多功能机撒肥完成施肥作业。第 3 步，机械化整地。完成起垄作业，由华龙 1ZKN – 125 精整地机完成作业。第 4 步，机械化移栽。可选用洋马 PF2R 乘坐式全自动蔬菜移栽机、山东华龙 2ZBZ – 2 半自动蔬菜移栽机完成移栽作业，精密定植株距 40 cm × 40 cm。第 5 步，自动化灌溉。移栽之日起使用喷灌装置进行灌溉。第 6 步，机械化植保。在青花菜的生长期和成熟期，可选用东风井关 JKB18C 多功能机施药喷洒农药。第 7 步，人工收获。人工采收分拣。

（2）山东鑫诚露地结球生菜生产机械化解决方案

① 结球生菜种植概况及农艺要求

生菜为菊科一年生或二年生蔬菜，喜冷凉湿润的气候。生菜按食用部分可分为叶用莴苣和茎用莴苣。结球莴苣即西生菜或叫结球生菜，是叶用莴苣中的一种，又称为色拉蔬菜。结球生菜为喜冷凉、忌高温作物。种子以 15 ~ 20 ℃ 为发芽适温。幼苗能耐较低温度，在日平均温度 12 ℃ 时生长健壮，但生长速度较慢。叶球生长最适温度为 13 ~ 16 ℃，20 ℃ 以下生长良好。结球生菜为长日照作物，在生长期间需要充足的阳光。若光线不足，易使结球生菜结球不整齐或结球松。长日照可促进花芽分化，但高温的作用更重要。虽然叶用生菜对土壤适应性较广，但结球生菜为了获得良好的叶球，必须选择肥沃的壤土或沙壤土，若土壤偏沙太瘦、有机肥施用不足，易引起各种生理病害发生。结球生菜根系入土不深，在结球前要求有足够水分供应，必须经常保持土壤湿润。进入结球后对水分要求十分严格，并要求较低的空气湿度，若土壤水分过多或空气湿度较高，极易引起软腐病等病害发生。

② 结球生菜生产机械化作业工艺研究

a. 结球生菜生产工艺流程。以山东鑫诚结球生菜露地栽培为例，每年春秋两季均可进行栽培，春季于 4 月上旬定植，5 月中下旬收获；秋季于 8 月中下旬定植，9 月底至 11 月收获。根据蔬菜生产农机装备现状和山东惠民县种植条件，设计结球生菜机械化生产主要工艺过程如下：机械化育苗播种—机械化耕整地—机械化移栽—自动化田间管理—省力化采收。各工艺过程的农业机械选型应该有利于实现结球生菜特色的耕作体系和提高作业质量，根据现有设备基础和所在地自然条件等情况，结合我国农机市场适用动力机械和各环节作业机具型号进行选型配备。

b. 主要环节技术方案。山东鑫诚结球生菜采用垄作方式和轮作制度，以露地栽培为主，本文机械化生产技术解决方案结合当地结球生菜生产农艺技术规程而制订，垄形尺寸为垄顶宽 136 cm，垄距 170 cm，垄高 20 cm，通过选用精密播种机、旋耕机、起垄机、蔬菜移栽机、喷灌装置、喷雾机、收获拖车等装备，依次完成育苗、耕整地、起垄、移栽、灌溉、植保、收获等7种主要生产环节,各生产环节的作业时间和作业内容根据农艺技术规程和机具作业规范确定。

具体步骤为:第1步,机械化育苗。依次完成苗盘清洗消毒、基质准备、装盘压穴、播种、覆土、浇水催芽、日常管理等作业内容,可选用山东华兴2XB-100型穴盘精密播种机完成播种作业。第2步,机械化耕整地起垄。依次完成旋耕整地、起垄等作业内容,若土质为黏土,在耕整地时需先犁翻,晒2~3天太阳后再粉碎起垄,可选用意大利 Firego 1.5 m 旋耕犁与福田雷沃 M900H-D,M750H-D,M1104-D 拖拉机配套完成耕整地作业,奥地利起垄机起垄。第3步,机械化移栽。现代农装2ZB-2型自走式四行移栽机完成移栽作业,行距35 cm。第4步,自动化(机械化)灌溉。移栽之日起进行自动化灌溉,露天栽培可选用滴灌带灌溉。第5步,机械化植保。在结球生菜的生长期和成熟期,可选用苏州稼乐3WBJ-16DZ静电喷雾器喷洒农药。第6步,省力化收获。在适收期进行青花菜采收,选用华兴4ST-6蔬菜收获拖车完成田间运输。

表7-5　山东鑫诚露地结球生菜生产机械化解决方案

作业环节/(月/日)		作业规程	解决方案	配套机具
育苗	3/1~3/10	播前种子消毒,每穴1粒,具3~4片真叶、根系发达并紧密缠绕基质成团时可移栽	机械播种育苗	韩国大东机电 SD-600 W 全自动穴盘播种流水线
	7/10~7/15			
施肥	耕整地前数天	撒施均匀	人工撒施	
耕整地	移栽前数天或同时	旋耕整地起垄,表面平整,土壤细碎	机械整地	意大利 Firego D35 170 作畦机(动力:福田雷沃 M900H-D、M750H-D、M1104-D 拖拉机)
移栽	4/1~4/15	行距350 mm,株距350 mm	半自动移栽	现代农装2ZB-2四行移栽机(动力:900/1104拖拉机)
	8/15~8/30			
灌溉	移栽完成即进行,以后酌情灌溉	根据作物需求,喷洒均匀,灌溉量适中	自动灌溉	滴灌设施
植保	移栽后一周及成熟前20天进行	根据病虫害情况,喷洒均匀,覆盖全面	机械植保	电动喷雾器
收获	5/10~5/30	成熟度适宜,蔬菜损伤度低	人工采收,拖车运输	收获拖车(动力:900/1104拖拉机)
	9/25~11/20			

(3) 内蒙古通辽露地红干椒生产机械化解决方案

① 红干椒种植概况及农艺要求

红干椒属于高效经济作物,根系不发达,根量少,入土浅,茎基部不易生不定根。为获丰收,必须重视根系培育与保护。红干椒发芽时的适宜湿度为25 ℃,温度高于30 ℃或低于15 ℃,不容易发芽。幼苗出土后,最适温度15～22 ℃,茎叶生长期适宜温度20～27 ℃。开花授粉期,适宜温度20～27 ℃,低于15 ℃植生长缓慢,难以授粉;高于35 ℃,花粉变态不孕,不能授粉而落花。日照过强易引起日烧病,在红干椒地内少量间作玉米可起遮阳作用。由于红干椒种子种皮厚、吸水慢,所以催芽或播种前应浸泡种子。红干椒既不耐旱,也不耐涝。因此,在花芽分化、开花、坐果期对土壤水分有一定的要求,田间持水量为50%～60%最好,坐果率最高。红干椒种植要求土层深厚,有机质含量高,疏松、通透性好,中性土壤。红干椒栽培以育苗移栽地膜覆盖栽培能获得高产、优质、高效。地膜覆盖可提高地温,一般提高3～6 ℃,植株生长快,在高温干旱季节来到之前,植株已经封垅,阳光不能直射地面,可降温0.5～1.0 ℃,保护根系,防止早衰。对于部分品种因生长期长,必须育苗移栽,增加成品果数量,通过地膜覆盖解决无霜期短,少雨干旱,风大灾害多,产量低的难题。

② 红干椒生产机械化作业工艺研究

a. 红干椒生产工艺流程。以内蒙通辽红干椒露地栽培为例,每年种植一季,于5月上旬定植,9月中下旬收获。根据蔬菜生产农机装备现状和内蒙古通辽种植条件,设计红干椒机械化生产主要工艺过程如下:工厂化育苗人工播种—机械化耕整地—机械覆膜铺管—机械化移栽—自动化田间管理—省力化采收。各工艺过程的农业机械选型应该有利于实现红干椒特色的耕作体系和提高作业质量,根据现有设备基础和所在地自然条件等情况,结合我国农机市场适用动力机械和各环节作业机具型号进行选型配备。

b. 主要环节技术方案。内蒙古通辽红干椒采用平作覆膜方式,以露地栽培为主(见表7-6)。本文机械化生产技术解决方案结合当地红干椒生产农艺技术规程而制订,膜内宽560 mm,沟宽440 mm。通过选用旋耕机、覆膜铺管机、蔬菜移栽机、滴灌装置、喷雾机等装备,依次完成耕整地、覆膜铺管、移栽、灌溉、植保等主要生产环节,各生产环节的作业时间和作业内容根据农艺技术规程和机具作业规范确定。

具体步骤为:第1步,人工穴盘播种,工厂化育苗。依次完成苗盘清洗消毒、基质准备、装盘压穴、播种、覆土、浇水催芽、日常管理等作业内容。第2步,机械化耕整地。依次完成旋耕整地、起垄等作业内容,可选用1GKN－230旋耕机与约翰迪尔904/1104拖拉机配套完成耕整地作业。第3步,机械化铺管覆膜开沟。膜宽800 mm,膜内宽560 mm,滴灌管居中,沟宽440 mm,使用覆膜铺管机完成作业。第

4 步，现代农装2ZB－2 型自走式四行移栽机完成移栽作业，行距 380 mm，株距 260 mm。第 5 步，自动化（机械化）灌溉。移栽之日起进行自动化灌溉，露天栽培可选用滴灌管灌溉。第 6 步，机械化植保。在红干椒的生长期和成熟期，可选用喷杆喷雾机喷洒农药。第 7 步，省力化收获。在适收期进行红干椒采收，可选用电动三轮车完成田间运输。

表 7-6　内蒙古通辽露地红干椒生产机械化解决方案

作业环节（月/日）		作业规程	解决方案	配套机具
育苗	3/10～3/20	播前种子消毒，每穴 1 粒，深度 0.5～1 cm。具 5～6 片真叶、根系发达并紧密缠绕基质成团时可移栽	人工穴盘播种，工厂化育苗	工厂化育苗
耕整地	4/10～4/20	表面平整，土壤细碎	机械整地	1GKN－230 旋耕机（动力：904/1104 拖拉机）
铺管覆膜开沟	4/15～4/25	膜宽 800 mm，滴灌管居中	机械覆膜铺管	覆膜铺管机（动力：904/1104 拖拉机）
移栽	5/1～5/10	行距 380 mm，株距 260 mm。移栽深度一致，合格率较高	机械移栽	现代农装 2ZB－2 型移栽机（动力：904/1104 拖拉机）
灌溉	移栽后即进行，以后酌情灌溉	根据作物需求，喷洒均匀，灌溉量适中	自动滴灌	滴灌设施
植保	缓苗后至收获前喷洒 4～5 次营养液和杀菌液	根据病虫害情况，喷洒均匀，覆盖全面	机械植保	喷杆喷雾机
收获	9/15～9/30	成熟度适宜	人工采收	

（4）四川郫县露地生菜生产机械化解决方案

① 生菜种植概况及农艺要求

生菜学名叶用莴苣，为一年生或二年生草本作物，很少发生病害，属典型的无公害蔬菜，每公顷产量可达（1.5～3）万 kg，产值可达（3～6）万元，经济效益十分显著。生菜喜欢冷凉的气候，种子发芽的最低温度为 4 ℃，时间较长。发芽最适温度为 15～20 ℃，3～4 天发芽，30 ℃以上发芽受阻，所以夏季播种时，须进行低温处理。结球生菜茎叶生长适温为 11～18 ℃，结球期的适温为 17～18 ℃。幼苗可耐 －5 ℃低温。21 ℃以上不易形成叶球或因叶球内部温度过高而引起心叶坏死腐烂。气温在 30 ℃以上时，生长不良。生菜适宜微酸性土壤，在有机质富饶的土壤中种植，保水、保肥力强、产量高，如在干旱缺水的土壤中种植，根系发育不全，生长不充实，菜味略苦，品质差。生菜不同的生长期，对水分要求不同，幼苗期不能干燥、不能太湿，太干苗子易老化，太湿苗子易徒长。发棵期，要适当控制水分，结球期水分要充足，缺水叶小，味苦。结球后期水分不要过多，以免发生裂球，导致病害。

② 生菜机械化生产作业工艺研究

a. 生菜生产工艺流程。以四川郫县生菜露地栽培为例，每年种植 4 ~ 6 茬，不同季节生长期长短各不相同（见表 7-7）。根据蔬菜生产农机装备现状和四川郫县种植条件，设计生菜机械化生产主要工艺过程如下：机械化播种—机械化耕整地—机械化移栽—自动化田间管理—机械化收获。各工艺过程的农业机械选型，应该有利于实现生菜特色的耕作体系和提高作业质量，根据现有设备基础和所在地自然条件等情况，结合我国农机市场适用动力机械和各环节作业机具型号进行选型配备。

表 7-7　四川郫县露地生菜生产机械化解决方案

作业环节（时间）		作业规程	解决方案	配套机具
育苗	一年种植 4 ~ 6 茬	选用优质、纯净度高、发芽率高的品种。播种要求均匀，深度适宜	机械育苗播种	浙江博仁 2YB - 500GT 滚筒式蔬菜播种机
旋耕	整地前 1 天	表面平整，土块均匀细碎	机械旋耕	东方红 1GQN - 230KH 旋耕机
整地	移栽前 1 ~ 5 天	表面平整，土壤细碎	机械整地	华龙 1ZKN - 180 精整地机
移栽	春秋：育苗播种后 40 ~ 45 天 夏季：育苗播种后 20 ~ 25 天 冬季：育苗播种后 50 ~ 60 天	行距 320 mm，株距 70 mm。移栽深度一致。	机械移栽	意大利 HORTE-CHOVER PLUS 4 移栽机
灌溉	移栽完成即进行，以后酌情灌溉	根据作物需求，灌溉适量，喷洒均匀	机械灌溉	筑水 3WZ51 自走式喷雾机
植保	移栽后第 3 天一次，以后根据作物情况进行作业	根据病虫害情况，喷洒均匀，覆盖全面	机械植保	亿丰丸山 3WP - 500 自走式喷杆喷雾机
收获	春秋：移栽后 40 ~ 45 天 夏季：移栽后 30 ~ 35 天 冬季：移栽后 80 ~ 90 天	一次性收获 4 行，留茬高度适中，蔬菜损伤度低	机械收获	意大利 HORTECHRAPID SL4 自走式收获机

b. 主要环节技术方案。四川郫县生菜采用垄作方式轮作制度，以露地栽培为主，本书机械化生产技术解决方案结合当地生菜生产农艺技术规程而制订，垄宽 1 400 mm，垄高 200 mm，沟宽 250 mm。通过选用自动播种机、旋耕机、起垄机、蔬

菜移栽机、灌溉装置、喷雾机、收获机等装备,依次完成播种育苗、耕整地、移栽、灌溉、植保、收获等主要生产环节,各生产环节的作业时间和作业内容根据农艺技术规程和机具作业规范确定。

具体步骤为:第1步,机械育苗播种。使用浙江博仁2YB－500GT滚筒式蔬菜播种机依次完成苗盘清洗消毒、基质准备、装盘压穴、播种、覆土、浇水催芽、日常管理等作业内容。第2步,机械化耕整地。依次完成旋耕整地、起垄等作业内容,可选用东方红1GQN－230KH旋耕机完成耕整地作业,意大利HORTECH AI140牵引式起垄机或华龙1ZKN－100精整地机完成起垄作业,垄宽1 400 mm,垄高200 mm,沟宽250 mm。第3步,机械化移载。意大利HORTECH OVER PLUS 4移栽机移栽机完成移栽作业,行距320 mm,株距70 mm。第4步,自动化(机械化)灌溉。移栽之日起进行自动化灌溉,露天栽培可选用筑水3WZ51自走式喷雾机完成作业。第5步,机械化植保。在生菜的生长期和成熟期,可选用亿丰丸山3WP－500自走式喷杆喷雾机。第6步,机械化收获。在适收期进行生菜采收,可选用意大利HORTECHRAPID SL4自走式收获机完成作业,一次性收获4行。

(5)四川彭州露地胡萝卜生产机械化解决方案

① 胡萝卜种植概况及农艺要求

胡萝卜是伞形花科,属二年生草本植物,以肥大的肉质根为食用器官。胡萝卜属于半耐寒性植物,喜欢凉爽的气候,耐旱能力比萝卜强。在4～5 ℃时可以发芽,但发芽较慢,发芽适温为18～25 ℃,经10天左右出苗。幼苗能耐2～3 ℃的低温,耐高温的能力较萝卜强,所以胡萝卜在秋季播种可以比萝卜早10多天,胡萝卜肉质根膨大期的适温为白天18～23 ℃,夜温13～18 ℃,温度过高、过低均不利于胡萝卜肉质根的膨大,特别是在高温下形成的肉质根品质差、肉质粗糙。充足的光照可使胡萝卜叶面积增加,光合作用增强,促进肉质根膨大,提高产量。胡萝卜根系发达,吸水力强,叶片蒸发水分较少,耐旱力比萝卜强,生长期间要适当供水,特别是种子发芽期、肉质根旺盛生长期,需要较高的土壤湿度。胡萝卜适宜种于土层深厚、土质疏松、排水良好、孔隙度高的沙壤土或壤土上,适宜的土壤pH为6～8,如土壤坚硬、通气性差、酸性强,易使肉质根皮孔突起,外皮粗糙,品质差,产量低。

② 胡萝卜生产机械化作业工艺研究

a. 胡萝卜生产工艺流程。以四川彭州胡萝卜露地栽培为例,每年种植1茬。根据蔬菜生产农机装备现状和四川彭州种植条件,设计胡萝卜机械化生产主要工艺过程如下:机械化耕整地—机械化直播—自动化田间管理—机械化收获。各工艺过程的农业机械选型应该有利于实现胡萝卜特色的耕作体系和提高作业质量,根据现有设备基础和所在地自然条件等情况,结合我国农机市场适用动力机械和各环节作业机具型号进行选型配备。

b. 主要环节技术方案。四川彭州胡萝卜采用垄作方式轮作制度,以露地栽培为主(见表 7-8)。本文机械化生产技术解决方案结合当地胡萝卜生产农艺技术规程而制订,垄宽 800 mm,垄高 200 mm,沟宽 200 mm。通过选用、旋耕机、起垄机、蔬菜直播机、灌溉装置、喷雾机、收获机等装备,依次完成耕整地、直播、灌溉、植保、收获等主要生产环节,各生产环节的作业时间和作业内容根据农艺技术规程和机具作业规范确定。

表 7-8　四川彭州露地胡萝卜生产机械化解决方案

作业环节		作业规程	解决方案	配套机具
旋耕	整地前 1 天	表面平整,土块均匀细碎	机械旋耕	东方红 1GQN－230KH 旋耕机
整地	直播前 1～5 天	表面平整,土壤细碎	机械整地	华龙 1ZKN－125 旋耕起垄机
直播	10 月上旬	播前种子丸粒化处理。一次性播种 2 行。行距 200 mm,穴距 150 mm	机械直播	矢琦 SYV－M600W 手推式蔬菜直播机
		播前种子丸粒化处理。一次性播种 4 行。行距 200 mm,穴距 150 mm	机械直播	德沃 2BQS－4 气力式蔬菜播种机
灌溉	播后浇水,以后酌情灌溉	根据作物需求,灌溉适量,喷洒均匀。	机械灌溉	筑水 3WZ51 自走式喷雾机
植保	根据作物情况进行作业	根据病虫害情况,喷洒均匀,覆盖全面	机械植保	亿丰丸山 3WP－500 自走式喷杆喷雾机
收获	次年 2 月	每次收获 1 行,一次性完成挖掘、切根、割断茎叶、残叶处理、清选、装箱	机械收获	洋马 HN100 全自动胡萝卜收获机

具体步骤为:第 1 步,机械化耕整地。依次完成旋耕整地、起垄等作业内容,可选用东方红 1GQN－230KH 旋耕机完成耕整地作业,华龙 1ZKN－125 精整地机完成起垄作业,垄宽 800 mm,垄高 200 mm,沟宽 200 mm。第 2 步,机械化直播机。采用矢琦 SYV－M600W 手推式蔬菜直播机进行直播作业,一次性播种 2 行;或者采用德沃 2BQS－4 型气力式蔬菜播种机进行直播作业,一次性播种 4 行。播前种子丸粒化处理。一次性播种 2 行。行距 200 mm,穴距 150 mm。第 3 步,自动化(机械化)灌溉。移栽之日起进行自动化灌溉,露天栽培可选用筑水 3WZ51 自走式喷雾机完成作业。第 4 步,机械化植保。在胡萝卜的生长期和成熟期,可选用亿丰丸山 3WP－500 自走式喷杆喷雾机。第 5 步,机械化收获。在适收期进行胡萝卜采收,可选用洋马 HN100 全自动胡萝卜收获机进行作业,每次收获 1 行,一次性完成挖掘、切根、割断茎叶、残叶处理、清选、装箱。

(6) 上海大棚鸡毛菜生产机械化解决方案

① 鸡毛菜种植概况及农艺要求

鸡毛菜是绿叶蔬菜,是十字花科植物小白菜的幼苗的俗称,以南方栽种最广,一年四季供应,春夏两季最多,播种后 20 ~ 40 天即可采收。鸡毛菜特怕热,20 ℃是最适宜的生长温度。气温超过 30 ℃时,鸡毛菜长势变慢,品质变差,因此夏天要盖遮阴网。春季栽培应选择冬性强的品种,在耕地前一个星期施好基肥,并整地作畦,适时播种,做好田间管理,一般 40 ~ 50 天收获。夏季栽培一般选择耐热品种,并筑成深沟高畦,以利灌排。高温季节,播种至出苗应覆盖遮阳网,并做好田间管理工作。夏季种植鸡毛菜一般于播种后 20 ~ 25 天采收。秋季栽培一般选择抗热品种,播种时如土壤干旱,可先行灌溉,待土壤胀松后再整地播种。秋季种植鸡毛菜一般于播种后 25 ~ 30 天采收,冬季种植鸡毛菜一般于播种后 45 天左右采收。

② 鸡毛菜机械化生产工艺研究

a. 鸡毛菜生产工艺流程。以上海鸡毛菜大棚栽培为例,每年种植数茬(见表 7-9)。根据蔬菜生产农机装备现状和上海种植条件,设计鸡毛菜机械化生产主要工艺过程如下:机械化耕整地—机械化直播—自动化田间管理—机械化收获。各工艺过程的农业机械选型应该有利于实现鸡毛菜特色的耕作体系和提高作业质量,根据现有设备基础和所在地自然条件等情况,结合我国农机市场适用动力机械和各环节作业机具型号进行选型配备。

表 7-9 上海大棚鸡毛菜生产机械化解决方案

作业环节		作业规程	解决方案	配套机具
旋耕	作畦前 1 天	表面平整,土块均匀细碎	机械旋耕	G120 型旋耕机与大棚王拖拉机
作畦	直播前 1 ~ 5 天	畦面宽 1 500 mm,畦底宽 1 600 mm,畦高 180 ~ 250 mm	机械整地	意大利 Hortech AF SUPER 160 作畦机
直播	视天气和前茬收获情况	播种行数 23 行;播种行距:55 mm;播种幅宽:1 400 mm	机械直播	意大利 Ortomec MULTI SEED 140 蔬菜播种机
灌溉	播后浇水,以后酌情灌溉	根据作物需求,灌溉适量,喷洒均匀	自动灌溉	滴灌带
植保	根据作物情况进行作业	根据病虫害情况,喷洒均匀,覆盖全面	机械植保	背负式喷雾机
收获	视鸡毛菜生长情况而定	适时采收	机械收获	意大利 Hortech 公司 SLIDE FW160 型自走式叶菜收割机或意大利 De Pietri 公司 FR38 SPECIAL160 型自走式叶菜收割机

b. 主要环节技术方案。上海鸡毛菜采用作畦方式轮作制度,以大棚栽培为主,本书机械化生产技术解决方案结合当地鸡毛菜生产农艺技术规程而制定,畦面宽1 500 mm,畦高180 ~250 mm,畦底宽1 600 mm。通过选用旋耕机、作畦机、蔬菜播种机、灌溉装置、喷雾机、收获机等装备,依次完成耕整地、直播、灌溉、植保、收获等主要生产环节,各生产环节的作业时间和作业内容根据农艺技术规程和机具作业规范确定。

具体步骤:第1步,机械化耕整地。依次完成旋耕整地、作畦等作业内容,可选用G120型旋耕机与大棚王拖拉机完成耕整地作业,意大利Hortech AF SUPER 160作畦机完成作畦作业,畦面宽1 500 mm,畦底宽1 600 mm,畦高180 ~250 mm。第2步,采用意大利Ortomec MULTI SEED 140蔬菜播种机进行直播作业,播种行数23行;播种行距55 mm;播种幅宽1 400 mm。第3步,自动化(机械化)灌溉。移栽之日起使用滴灌带进行自动化灌溉。第4步,机械化植保。在鸡毛菜的生长期和成熟期,可使用背负式喷雾机喷洒农药。第5步,机械化收获。在适收期进行鸡毛菜采收,可选用意大利Hortech公司SLIDE FW160型自走式叶菜收割机或意大利De Pietri公司FR38 SPECIAL160型自走式叶菜收割机进行作业。

(7) 北京延庆日光温室番茄生产机械化解决方案

① 番茄种植概况及农艺要求

番茄又名西红柿,为高营养蔬菜,主要食用成熟果。番茄对温度有较强的适应能力,能在10 ~30 ℃温度下生长。不同生长阶段对温度的要求有一定差异。种子萌发的最适温度为25 ~30 ℃,发芽的最低温度是12 ℃,幼苗期的适宜温度白天为20 ~25 ℃,夜晚为10 ~15 ℃。番茄的生长发育要求一定的日夜温差,自然或创造在白天接近光温适温,夜间降到最低的适温条件,有利于同化产物的形成、运输和贮藏,因而能提高产量和品质。番茄对光照周期要求不严格,生长发育要求充足的光照,光照不足植物易徒长,茎叶细长,叶片变薄,叶色变淡,花不正常,容易落花落果。番茄对土壤水分要求较高。其土壤湿度,幼苗期为60%,结果期为80%,果实成熟时,若土壤水分过多和干湿变化剧烈,易引起裂果,降低商品价值。番茄生长要求比较干燥的气候,空气湿度宜保持在45% ~55%。番茄对土壤的适应能力较强,但以土层深厚,排水良好,富含有机质的壤土或沙壤土最好,土壤pH值为6.5 ~7.0为宜。

② 番茄机械化生产工艺研究

a. 番茄生产工艺流程。以北京延庆番茄日光温室栽培为例,采用番茄-其他蔬菜轮作制度,每年种植1茬番茄。根据蔬菜生产农机装备现状和北京种植条件,设计番茄机械化生产主要工艺过程如下:人工育苗—机械化耕整地—机械化移栽—机械化田间管理—人工采收—机械化运输。各工艺过程的农业机械选型应该有利于实现番茄特色的耕作体系和提高作业质量，根据现有设备基础和所在地自然条件等情况，结合我国农机市场适用动力机械和各环节作业机具型号进行选型配备。

b. 主要环节技术方案。北京番茄采用起垄方式轮作制度，以日光温室栽培为主，本书机械化生产技术解决方案结合当地番茄生产农艺技术规程而制定，垄面宽600 mm，畦高200 mm。通过选用旋耕机、起垄机、蔬菜移栽机、灌溉装置、喷雾机等装备，依次完成耕整地、移栽、灌溉、植保等主要生产环节，各生产环节的作业时间和作业内容根据农艺技术规程和机具作业规范确定。

具体步骤为：第1步，机械化旋耕。依次完成旋耕整地、起垄等作业内容，可选用1GQN－130旋耕机与354D拖拉机完成旋耕作业，1QEL起垄机完成起垄作业，垄面宽600 mm，垄高200 mm。第2步，机械化起垄采用2ZB－2蔬菜移栽机和354D拖拉机完成移栽作业，栽植行数2行，行距40 cm，株距40 cm。第3步，自动化（机械化）灌溉。移栽之日起使用滴灌带进行自动化灌溉。第4步，机械化植保。在番茄的生长期和成熟期，可使用喷杆喷雾机喷洒农药。第5步，收获。在适收期进行番茄人工采收，然后使用三轮车进行运输。

表7-10　北京延庆日光温室番茄生产机械化解决方案

作业环节/（月/日）		作业规程	解决方案	配套机具
旋耕	4/26	表面平整，土块均匀细碎	机械旋耕	1GQN－130旋耕机与354D拖拉机
起垄	旋耕后起垄	垄面宽600 mm，垄高200 mm	机械起垄	1QEL起垄机与354D拖拉机
移栽	4/28	栽植行数2行，行距40 cm，株距40 cm	机械移栽	2ZB－2蔬菜移栽机和354D拖拉机
灌溉	移栽后浇水，以后酌情灌溉	根据作物需求，灌溉适量，喷洒均匀	自动灌溉	滴灌带
植保	根据作物情况进行作业	根据病虫害情况，苗期2～3次，生长期2～3次，喷洒均匀，覆盖全面	机械植保	背负式喷药机
收获	7/15～8/15	适时采收	人工采收，机械运输	三轮车

第8章　展望与建议

8.1　蔬菜生产机械化进入快速发展新阶段

当前,我国已经进入传统农业向现代农业加快转变的关键时期。尤其是进入“十三五”以来,我国农业发展面临转方式、调结构的重任,农业机械化将坚持目标导向和问题导向,对照现代农业建设要求,着眼短板环节、薄弱区域,围绕强化抓住机遇、积极作为,科学谋划、攻坚克难,推动农机装备、服务组织和作业水平向数量、质量效益并重转型升级,促进农业机械化全程、全面、高质、高效发展,力争2020年主要农作物产前、产中、产后全程机械化、种养加全面机械化取得显著进展。

党中央、国务院高度重视蔬菜产业的发展,国家制定了《全国蔬菜产业发展十年规划(2011—2020年)》,每年中央1号文件都对加强“菜篮子”生产做出了部署,明确并多次强调健全“菜篮子”市长负责制。农业部在保证粮食生产的同时,加大新一轮“菜篮子”工程实施力度,稳定发展蔬菜生产,2009年以来,创建标准化示范县639个,支持园艺作物标准园建设1 300多个。近年来,江苏等地还在积极推动建设永久性蔬菜生产基地。蔬菜生产合作社、家庭农场、专业企业等新型生产经营主体推动了蔬菜生产规模化、集约化、商品化发展。所有这些都为我国蔬菜生产机械化的发展奠定了良好基础。蔬菜产业的种植面积之多、分布区域之广、经济总量之大充分表明,在我国农业机械化进入全程、全面新的大背景下,蔬菜生产机械化将会进入快速发展的新阶段。

8.2　各地推进蔬菜生产机械化的新举措

进入“十二五”以来,来自蔬菜产业界对机械化生产的呼声越来越高,上海、江苏、北京、山东、四川、浙江、湖北等地加大对蔬菜生产新机具引进、创新、试验、示范、推广的力度,创新工作机制,促进蔬菜生产农机和农艺融合,在推动区域性蔬菜生产机械化进程中取得了可喜成绩。

(1) 北京市

为了进一步提高蔬菜生产机械化作业水平,在北京市农委、市农业局的支持下，北京市农业机械试验鉴定推广站在充分调研的基础上，按照蔬菜生产全程机械化技术方案设计理念，强化农机与农艺、农机与信息化融合，重点解决蔬菜生产耕整地、移栽关键环节机械化作业技术，围绕露地蔬菜生产联合企业开发耕整地机械，引进试验，筛选了吊杯式膜上移栽机和链夹式裸地移栽机，利用北斗导航信息技术，实现了无人驾驶机械化移栽作业；围绕塑料大棚蔬菜生产提出两端结构改造设计方案，引进开发、筛选配套农机装备，实现了旋耕、起垄、铺管、覆膜、移栽关键环节机械化作业，作业效率提高了75%；围绕日光温室蔬菜生产，联合企业开发了农机作业3D平台，实现了叶类蔬菜生产耕整地、起垄做畦、播种、灌溉施肥、植保环节半自动化、机械化作业及收获省力化作业。目前，在延庆开展露地甘蓝生产耕、种（定植）、收、管全程机械化试验示范；在平谷开展日光温室农机作业3D平台的技术性能试验；在全市示范推广塑料大棚蔬菜生产关键环节机械化技术。例如，图8-1所示为北京市露地甘蓝机械移栽。

图8-1　北京市露地甘蓝机械移栽

（2）上海市

为了加速绿叶蔬菜生产机械的研究开发进程，上海市支持把“蔬菜生产机械化关键技术与装备的研究”列为科技兴农重点攻关项目。在上海市农委、市农机办的支持下，上海市农机鉴定推广站、上海市农业机械研究所和上海市农业科学院等单位在对国外机具的选型考察和充分调研的基础上，结合上海绿叶蔬菜生产的实际，重点解决绿叶蔬菜机械化。2012年从意大利引进蔬菜作畦机、蔬菜播种机和自走式绿叶菜收割机等绿叶蔬菜生产机械，并进行适应性试验，筛选出适合上海地区绿叶菜生产的机械。目前已在上海沧海桑田生态农业有限公司基地、上海市农科院庄行基地和上海农业机械鉴定推广站试验场等地结合绿叶菜生产，分别对消化吸收再创新的三种蔬菜机具进行技术性能和适应性试验。

“十三五”期间，上海市将建立若干蔬菜机械化生产基地，推进适合管棚生产的中小型机械，提高蔬菜生产机械化水平达60%。加大新机具、新技术推广力度，在规模化、标准化示范园艺场推广机械化耕整地、起垄作畦、机械种植、水肥一体化、收割冷藏等技术装备。加快蔬菜机械化成果转化,研究和推广适合机械化的蔬菜新品种和新技术,加强产业技术体系支撑,示范应用各项科技成果。例如,图 8-2 所示为上海市茼蒿机械采收。

图 8-2　上海市茼蒿机械采收

(3) 江苏省

2013 年,江苏省政府制定《全省实施农业现代化工程十项行动计划》,其中的"绿色蔬菜基地建设行动计划"要求到 2017 年全省建设提升 150 万亩永久性蔬菜基地,蔬菜播种面积稳定在 2 200 万亩以上。有关部门在省科技支撑计划、农业科技自主创新资金、农业(农机)"三新"工程等项目中加大对设施蔬菜生产机械化技术创新、试验、示范、推广的力度,特别是 2012 年以来,省农机局以重大集成项目"设施蔬菜生产关键环节机械化技术集成应用"加快推进设施蔬菜生产机械化,目前已在全省 18 个县 35 个设施蔬菜基地集成应用机械化技术,蔬菜品种涵盖青菜、生菜、韭菜、包菜、秧草、甘蓝、番茄、辣椒、芋头等蔬菜,应用了撒肥、耕翻、整地、播种、移栽、植保、收获等环节生产机具,提高了基地机械化生产水平,并辐射周边园区。目前,依托蔬菜生产基地,按照蔬菜生产各环节农艺要求,选择和优化机具配置,以徐州市沛县"日光温室茄果类机械化生产技术路线"、张家港"韭菜机械化生产技术路线"为代表,已初步探索形成了一批体现农机和农艺融合特点的蔬菜机械化生产模式。图 8-3 所示为江苏省张家港市韭菜机械收获。

除加强技术支撑外,江苏省还加大蔬菜生产机具购置资金扶持和机具作业社会化服务主体培育力度,引导农机社会化服务体系发展,探索专业农机服务组建设规范、机具配置、运行管理等,提高蔬菜生产机械利用率,提升农机服务组织化水平。目前已建成 3 种服务模式:以常熟碧溪镇为代表的自我服务;以常熟董浜镇和惠山区为代表的社会化服务;以张家港牛桥镇为代表的自我服务和提供社会化服务。

图 8-3　江苏省张家港市韭菜机械收获

(4) 山东省

山东省是蔬菜大省,近年来,全省蔬菜面积一直保持稳定增长,2014 年全省蔬菜(含西甜瓜)种植面积为 3 126 万亩,约占全国的 1/10,其中设施蔬菜播种面积达到 1 360 万亩,占全国的 1/4;总产 1.1 亿 t,约占全国的 1/7;产值 2 061 亿元,约占全省农业总产值的 43%;出口 353.8 万 t,创汇 32.69 亿美元,约占全国的 1/3,蔬菜已经成为山东省的支柱产业之一。

自 2000 年以来,山东省农机局一直把以蔬菜生产为主的设施农业列为全省农机化创新示范工程的重点项目,在蔬菜主产区示范推广温室生产机械与设备。2010 年 8 月山东省人民政府印发了《山东省人民政府关于实施蔬菜等五大产业振兴规划的指导意见》,指出蔬菜产业要大力发展设施蔬菜,提高栽培水平,加快保护地设施的更新改造和换代升级,推广新型设施和覆盖材料。目前,全省拥有微耕机 18 万台套,卷帘机 64 万台套(卷帘面积 117 万亩),微灌设备 17 万台套(微灌面积 110 多万亩),育苗设备 7 000 多套(育苗栽培面积 5 万多亩),移栽机械 1 000 多台套(作业面积近 15 万亩),温控设备 8 000 余套(控制面积近 10 万亩),二氧化碳发生器 20 万台套(施气肥面积 25 万亩),烟雾机 4 万台套。在部分大棚中还试验示范了声频发生器、臭氧发生器、补光灯、加温通风设备、微机控制系统和物联网系统。

随着大田蔬菜规模化生产的发展,大田蔬菜机械化生产越来越得到重视,但是,总体上还处于起步阶段。除常规的耕整地、植保、灌溉机械等得到普遍应用外,蔬菜的移栽、嫁接、收获等关键环节机械化水平仍然很低。近几年,部分生产企业研发生产了蔬菜种植的开沟机、筑畦机、起垄机、育苗设备、移栽机、铺膜机、拱棚铺膜机、叶菜类收获机、大葱挖掘机、大蒜挖掘机(见图 8-4)、生姜挖掘机、山药种植开沟机、山药收获机等。2015 年以来,山东省农机局将蔬菜机械研发列入了“山东省农机装备研发创新计划，如大葱收获机研发等项目，今后将进一步扩大支持范围，这将有力促进山东省大田蔬菜机械化生产的快速发展。另外，山东省部分蔬菜种植专业合作社自主引进国外先进的耕整地、育苗、移栽、收获等机械，发挥了积极的引领作用，将有效推动蔬菜专业化、规模化和机械化生产。

图8-4 山东省菏泽大蒜机械收获

（5）成都市

为促进全市蔬菜产业的发展，成都市政府出台了《成都市人民政府关于进一步统筹推进"菜篮子"工程建设的意见》（成府发〔2014〕2号）。文件明确要求：加大蔬菜新品种、新技术研发力度，大力推广使用新技术、新机具。为加快成都市蔬菜机械化生产技术的探索步伐，在成都市农业委员会和市科技局的安排下，由成都市农林科学院农业机械研究所（成都市农机科研推广服务总站）牵头，成都市农林科学院园艺研究所和作物研究所技术支撑，相关区（市）县农村发展局配合，汇集全市农机专家和蔬菜种植专家一起成立了项目组具体实施。按照成都市东南西北的地理分布及各地蔬菜种植品种和习惯的实际情况进行部署，依托有积极性且有实力的蔬菜种植企业和合作社，建立了5个蔬菜机械化生产试验示范基地，基地核心面积500亩，辐射面积达4 000亩。

试验示范按照由易到难的原则稳步实施，从相对简单的机械化育苗、土地整理，然后到机械化移栽、机械化直播，最后到较难的机械化植保和机械化收获。先后引进了蔬菜播种机、精整地机、移栽机、胡萝卜收获机、生菜收获机（见图8-5），通过不断地试验探索出适合成都市蔬菜生产实际情况的适宜机械。下一步，成都市将在进一步开展露地蔬菜机械化试验示范和推广的同时，开始大棚蔬菜机械化生产的探索试验，并结合农机与农艺技术完成适合成都地区蔬菜生产机械的研制及相配套的蔬菜种植标准和模式，为全市蔬菜机械化生产提供技术支撑。

图 8-5 成都市生菜机械收获

8.3 加快蔬菜生产机械化发展的对策建议

综观近几年来我国蔬菜生产机械化发展的历程和形势,可以概括为“产业逼人、进程忧人、前景喜人、征途难人”。总体来看,我国蔬菜生产机械化的进程距离蔬菜产业发展的要求及国外先进水平的差距还很大,虽然无论是从产业规模还是从发展空间来讲,我国蔬菜生产机械化的前景非常美好,但是我国其他大宗粮食作物机械化发展的经验告诉我们,蔬菜生产机械化的征途是曲折而漫长的,将会面临更大困难,尤其是农机和农艺融合的任务将十分艰巨。加快推进我国蔬菜生产机械化,需要从加强战略规划和顶层设计、加强装备技术研发和集成示范、加强机制创新与农机、农艺融合等方面开展扎实有力的工作。

(1) 深入调研,加强蔬菜生产机械化的战略规划和顶层设计

由于目前我国蔬菜机械化的统计和研究比较薄弱,因此要加强调研,做好战略规划和顶层设计。一是全面调研。对各地区包括露地和设施在内的蔬菜生产机械化现状、存在问题进行认真调研,摸清底数,找到推进机械化的突破口。二是科学规划。在全国范围内进行综合性、分专题、分区域的规划,将蔬菜产业发展规划与农机化规划同步进行,在逐步实现蔬菜生产专业化的基础上,加速推进蔬菜生产机械化。三是重点突破。按照有所为、有所不为的原则,重点制订主要品种的机械化发展目标与方向,有序推进蔬菜生产机械化。

建议国家蔬菜生产和农机化主管部门主持召开蔬菜生产机械发展战略研讨会,组织有关部门和科研单位进行专题研究,尽快组织开展有关规划和政策的制定工作。

(2) 加大投入,切实提高蔬菜生产装备技术供给能力

要加快我国蔬菜生产机械化发展,必须切实加大投入。一是要加大科研和新

装备技术开发投入，在国家科技计划项目中，加大对蔬菜生产装备技术研发的立项和投入支持；在国家工程技术研究中心、重点实验室、产业技术体系等有关科研平台方面，保障对蔬菜生产机械化技术研究的稳定支持。二是要加大示范推广的投入，应安排相应的项目和资金，根据蔬菜机械化的特点，进行分区域、多品种的试验、示范，推进研发和应用不断深入与完善。

在研发和示范过程中，要着力加强适应蔬菜生产需要的规范化设施、专用化底盘、精细化整地、精量化播种、标准化育苗、高速化移栽、轻简化收获、商品化处理等装备技术的研发力度；注重轻简化、省力化作业技术的研究，并积极跟踪信息化、智能化技术的发展。

装备技术的研发应坚持引进消化吸收与自主创新相结合。既要立足积极自主研发，也要借鉴国外的先进经验，可从几种主要蔬菜生产关键环节的机械化技术引进入手，结合我国国情加快国产化，不断提高机具的适用性和可靠性，降低生产成本。

（3）政策支持，激励各方面推动蔬菜生产机械化的积极性

发展蔬菜生产机械化，除了需要重视对装备技术研究的支持外，还需要在装备的生产、供给、推广、应用等过程中，充分发挥政策扶持的杠杆作用，激励各方面推动蔬菜生产机械化的积极性。

要加大蔬菜生产农机补贴力度，对达到较高技术水平并为用户所接受的蔬菜生产环节的专用机械，国家及省级有关部门应及时纳入国家农机补贴目录，加大应用推广的支持力度。

要加大对蔬菜标准园建设的资金支持，把提升蔬菜机械化水平作为蔬菜标准园建设的一个重要标志和考核内容，对有利于机械化作业的蔬菜标准园加大资金支持的力度。

要加强对蔬菜生产机械化新技术宣传、引进、示范和推广工作的支持，应安排相应项目和资金支持建立试验示范区、发展农机服务组织等，增强蔬菜生产机械化示范带动效应。

（4）创新机制，合力推进蔬菜生产机械化加快发展

我国蔬菜生产机械化的发展过程面临诸多挑战，任重而道远，不可能一蹴而就，需要创新机制，也需要各方面形成合力，有序推进。

① 协同创新与集成创新相结合。提升蔬菜机械化水平是一项系统工程，需要园区规划和设施技术、栽培农艺技术、农机装备技术相结合、相配套，需要多部门、多学科间进行协同创新。蔬菜生产机械化水平的提升，既需要经济适用的装备技术支撑，也需要完备先进的园区建设规范、便于作业的棚室设施结构、简化规范的栽培农艺要求、因地制宜的机具选型配置、完整统一的作业规范要求。建议有重

点、有步骤地选择一些规模较大、基础较好的蔬菜生产基地,组织农机、农艺两方面的队伍协同攻关,进行机械化生产的技术和模式的集成创新、试验、示范,取得突破后继而在面上推广应用。

② 蔬菜生产农艺与装备技术相结合。由于蔬菜生产的多样性和特殊性,与其他作物相比,蔬菜生产机械化技术与农艺技术的结合更为重要,应着力在适应全程机械化生产的蔬菜种植模式,适应作业环节衔接的蔬菜整地规范化技术,适应机械播种的蔬菜种子前处理技术,适应机械移栽的蔬菜育苗标准化技术,适应机械采收的蔬菜育种栽培技术等方面取得突破。

③ 农户机械作业与社会化服务相结合。我国蔬菜生产模式多样,区域发展水平也不等,在我国总体上人多地少、经营规模小的特点下,在支持农户自主配备农机、提高机械作业水平的同时,发展多种形式的农机社会化服务是我国蔬菜机械化发展的重要途径。首先,要大力培植种植大户、家庭农场等蔬菜生产新型主体,同时发展中小型的蔬菜生产企业。这两类主体是今后蔬菜生产机械化的主力军。其次,要在蔬菜生产布局专业化的基础上,发展农机社会化服务体系。通过农机社会化服务,提高蔬菜生产机械化水平。农机社会化服务包括两个方面,一是为农户自主进行的农机作业提供各种配套服务,如机具、油料、维修以至技术培训等;二是由农机专业户或企业进行全部或分段农机作业承包,小麦跨区收获作业就提供了成功的范例。要鼓励创新并大力支持多种形式的蔬菜生产机械化的社会化服务模式,培育蔬菜生产专业化农机服务主体。

参考文献

[1] 国家发展改革委员会，农业部. 全国蔬菜产业发展规划(2011—2020年)[Z]. 2012-1-16.

[2] 农业部. 全国设施蔬菜重点区域发展规划(2015—2020年)[Z]. 2015-1-30.

[3] 农业部南京农业机械化研究所. 2015中国农业机械化年鉴[M]. 北京:中国农业科学技术出版社,2015年.

[4] 陈永生,胡桧,肖体琼,等. 我国蔬菜生产机械化发展现状及对策[J]. 中国蔬菜,2014(10):1-5.

[5] 肖体琼,何春霞,曹光乔,等. 机械化生产视角下我国蔬菜产业发展现状及国外模式研究[J]. 农业现代化研究,2015,36(5):855-861.

[6] 康国光,蔡芳,高群. 蔬菜机械化生产发展现状与对策思考[J]. 长江蔬菜,2013(14):69-72.

[7] 李崇光,包玉泽. 我国蔬菜产业发展面临的新问题与对策[J]. 中国蔬菜,2010(15):1-5.

[8] 张真和. 我国蔬菜产业发展态势与政策环境分析[R]. 湖南蔬菜产业大会高峰论坛,2016.

[9] 李天来. 我国设施蔬菜的发展现状与未来发展趋势[R]. 2016中国设施农业产业大会,2016.

[10] 杜永臣. 机械化是我国蔬菜产业转型升级的迫切需求[R]. 2016中国蔬菜生产机械化论坛(武汉),2016.

[11] 管春松,王树林,胡桧. 蔬菜作畦机设计与试验[J]. 江苏大学学报(自然科

学版), 2016(3):288 - 295.

[12] 高庆生,胡桧,陈永生,等. 长三角地区花椰菜生产机械化模式探讨[J]. 中国蔬菜,2015(8):8 - 10.

[13] 桑正中. 农业机械学[M]. 北京:机械工业出版社,1988.

[14] 石铁,许剑平,孙文峰. 1M-1 型大小垄通用覆膜机的研究设计[J]. 农机化研究,2000(4):74 - 76.

[15] 段宏兵. 几种国外小粒种子气吸式精密排种器的结构分析[J]. 中国农机化,2008(2):87 - 89.

[16] 农业部种植业管理司. 全国蔬菜重点区域发展规划(2009—2015 年)[J]. 长江蔬菜,2009(13):1 - 8。

[17] 别之龙,黄丹枫. 工厂化育苗原理与技术[M]. 北京:中国农业出版社,2008.

[18] 胡建平,毛罕平. 磁吸式精密排种原理分析与试验[J]. 农业机械学报,2004,35(4):55 - 58.

[19] 夏红梅,李志伟,牛菊菊. 气力滚筒式蔬菜穴盘播种机吸排种动力学模型的研究[J]. 农业工程学报,2008,24(1),141 - 146.

[20] 赵湛. 气吸振动式精密排种器理论及试验研究[D]. 镇江:江苏大学,2009.

[21] 单峰,黄春燕,张俊,等. 蔬菜工厂化穴盘育苗技术[J]. 现代农业科技,2010(1):133.

[22] 冯爱莲,初尔庄,刘玉玲. 播种机械排种器形式及应用范围探讨[J]. 农村牧区机械化,2005,64(3):38 - 39.

[23] 韩耀红,侯履谦. 小颗粒作物播种机的研究设计[J]. 农机推广与安全论坛,2002(5):7 - 8.

[24] 田波平,廖庆喜,黄海东,等. 2BFQ - 6 型油菜精量联合直播机的设计[J]. 农业机械学报,2008,39(10):211 - 213.

[25] 曹杰,于影辉,任卫新. SN - 1 - 130 型番茄气吸气吹式精量播种机的引进与试验[J]. 新疆农机化, 2002(6):10.

[26] GASPARDO. Gaspardo V20 manuals [DB/OL]. http://www. solexcorp. com/manuals/gaspardo/gspvseriesmanual. pdf.

[27] Agricola. Agricola SN - 1 - 130 Manuals [DB/OL]. http://www. agricola. it/pdf%20web/SN - 1 - 130. pdf.

[28] GASPARDO V20 - V12 - V5 [DB/OL]. http://www. solexcorp. com/manuals/gaspardo/gspvseriesparts. pdf.

[29] Stanhay sigulaire 785 [DB/OL]. http://www. solexcorp. com/ manuals/stanhay/sty785brochure. pdf.

[30] 马连元,王廷双,刘俊峰,等.试论排种器分类族谱[J].河北农业科学学报[J].1997,20(4):107-111.

[31] 丁元法,肖继军,张晓辉.精密播种机的现状与发展趋势[J].山东农机,2001(6):3-5.

[32] 中国农业机械化科学研究院.农业机械设计手册[M].北京:中国农业科学技术出版社,2007.

[33] 青州火绒机械制造有限公司网址.http://www.qzhrjx.com/product.asp.

[34] 南通富来威农业装备有限公司网址.http://www.yzjzg.com/product/.

[35] 田耐尔·宁津县金利达机械制造有限公司网址.http://www.tiannaier.com/.

[36] 久保田农业机械(苏州)有限公司网址.http://www.nongjitong.com/company/4_4.html.

[37] 东风井关农业机械有限公司网址.http://www.nongjitong.com/company/14_4.html.

[38] 青州华龙机械科技有限公司网址.http://www.nongjitong.com/company/33035_4.html.

[39] 现代农装科技股份有限公司网址.http://www.maec.com.cn/.

[40] 意大利 Ferrari MAX 移栽机网址.www.ferraricostruzioni.com.

[41] 意大利 Ferrari ROTOSTRAPP 移栽机网址.www.ferraricostruzioni.com.

[42] 意大利 Hortech 移栽机网址.www.hortech.it.

[43] 意大利 CheechieMagli 移栽机网址.www.checchiemagli.com.

[44] 意大利 Fedele Mario 移栽机网址.www.fedelemario.com.

[45] 意大利 SpapperiS.r.l 公司网址.http://www.spapperi.it.

[46] 澳大利亚 Williames 公司网址.http://www.williames.com.

[47] 丁国强,彭震.最新蔬菜植保知识技术问答[M].上海:上海科学技术出版社,2014.

[48] 杜成喜,刘绍凡.蔬菜植保员培训教程,北京:中国农业科学技术出版社,2011.

[49] 丹麦 HADRI 公司网址.http://www.hardi-international.com/global/.

[50] 巴西 JACTO 农机公司网址.http://www.jacto.com/.

[51] 美国 John Deere 公司网址.http://www.deere.com/en_US/regional_home.page.

[52] 德国 LEMKEN 公司网址.https://lemken.com/index.php.

[53] 中机美诺科技股份有限公司网址.http://www.menoble.com/zbjx.

[54] 山东卫士植保机械有限公司网址. http://www. cnwish. com/.
[55] 中联重机有限公司网址. http://www. zoomlion - hm. com/.
[56] 南通黄海药械有限公司网址. http://www. huanghai - yx. cn/.
[57] 茉莉. 植保机械的操作使用与保养[J]. 时代农机,2015(9):164 - 165.
[58] [NY/T 1775—2009],植保机械操作规范[S].
[59] 徐卫红. 水肥一体化实用新技术[M]. 北京:中国农业出版社,2012.
[60] 刘友林,熊艳,赵禹,等. 水肥一体化技术[J]. 致富天地,2015(12):42 - 45.
[61] 以色列 Netafim 公司网址. http://www. netafim. com/.
[62] 以色列 Raphael 公司网址. http://www. raphael - valves. com/.
[63] 意大利 Irritec 公司网址. http://www. irritec. com/en/.
[64] 重庆恩宝科贸有限责任公司网址. http://www. irripro. cn/.
[65] 北京金福腾科技有限公司网址. http://www. photoncn. com/.
[66] 广西捷佳润农业科技有限公司网址. http://www. gxjjr. com/.
[67] [NY/T 2623 - 2014],灌溉施肥技术规范[S].
[68] 美国大平原公司. http://www. greatplainsag. com/en/products/3910/lister - cultivator.
[69] 德国格立莫农业机械公司. http://www. grimme. com/de/products/erntetechnik - ruebe/fm - 300.
[70] 美国海内克公司. http://www. hiniker. com/ag_products%20new/6000_cultivator. html.
[71] 安徽中科自动化股份有限公司. http://zke999. com/zgjx/product_21. html.
[72] 北京禾牧农业新技术有限公司. https://detail. 1688. com/offer/526480478841. html? spm = a2615. 2177701. 0. 0. pet49K.
[73] 禹城红日机械制造有限公司. http://www. chinahongri. cn/index. html.
[74] 江苏沃得机电集团有限公司. http://www. worldnyjx. com/list/? 158_1. html.
[75] 李江国. 滚切式除草机的研究[D]. 保定:河北农业大学,2006.
[76] 徐宗保. 振动式深松中耕作业机的设计与试验研究[D]. 哈尔滨:东北农业大学,2009.
[77] 梁远,汪春,张伟,等. 3ZCS - 7 型复式中耕除草机的设计[J]. 农机化研究,2010(6):21 - 24.
[78] 李江国,刘占良,张晋国,等. 国内外田间机械除草技术研究现状[J]. 农机化研究,2006.
[79] 山东希成农业机械科技有限公司主页产品介绍[EB/OL]. http://www. sd-

tiancheng. com.

[80] 山东华兴机械股份有限公司. http://www. huaxinggroup. cn/.

[81] 葛艳艳,安秋,张庆怡,等. 基于机器视觉的中耕除草机的研制与试验[J]. 甘肃农业大学学报,2015,50(5):172-176.

[82] 苏州博田自动化技术有限公司主页产品介绍[EB/OL]. http://www. szbotian. com/.

[83] 王俊,杜冬冬,胡金冰,等. 蔬菜机械化收获技术及其发展[J]. 农业机械学报,2014,45(2):81-85.

[84] 黄丹枫. 叶菜类蔬菜生产机械化发展对策研究[J]. 长江蔬菜,2012(2):1-6.

[85] 史明明,魏宏安,胡忠强,等. 4U-1400 型马铃薯联合收获机的设计[J]. 干旱地区农业研究,2014,32(1):263-267.

[86] 郭伟,陈树人,李继伟,等. 一种小型叶菜收获机械的研制[J]. 农业装备技术,2011,37(2):13-15.

[87] Cembali T, Folwell R J, Clary C D, et al. Economic comparison of selective and nonselective mechanical harvesting of asparagus[J]. International Journal of Vegetable Science, 2008, 14(1):4-22.

[88] 季坚柯,梅德韦杰夫,赫沃斯托夫,等. 蔬菜收获机械[M]. 北京市农业机械研究所情报室,译. 北京:中国农业机械出版社,1981.

[89] Sankai H, Shiigi T, Kondo N. Accurate position detecting during asparagus spear harvesting using a laser sensor[J]. Engineering in Agriculture, Environment and Food, 2013, 6(3):105-110.

[90] 蒋亦元. 农机科技创新中的农机与农艺相结合问题[J]. 农业机械学报,2007,38(3):179-182.

[91] 王志强. 4YB 玉型甘蓝收获机的总体设计[D]. 兰州:甘肃农业大学,2011.

[92] 张绢. 4YB I 型甘蓝联合收获机的设计[D]. 兰州:甘肃农业大学,2012.

[93] Arazuri S, Jare'n C, Arana J I, et al. Influence of mechanical harvest on the physical properties of processing tomato (Lycopersicon esculentum Mill)[J]. Journal of Food Engineering, 2007, 80(1):190-198.

[94] Lee J M, Kubotab C, Tsao S J, et al. Current status of vegetable grafting: Diffusion, grafting techniques, automation[J]. Scientia Horticulturae, 2010(2):93-105.

[95] McPhee J E, Aird P L, Hardie M A, et al. The effect of controlled traffic on soil physical properties and tillage requirements for vegetable production[J].

Soil & Tillage Research, 2015(149):33 - 45.
[96] McPhee J E, Aird P L. Controlled traffic for vegetable production: Part 1. Machinery challenges and options in a diversified vegetable industry[J]. Biosystems engineering, 2013(2):144 - 154.
[97] Prasanna Kumar G V, Raheman H. Development of a walk - behind type hand tractor powered vegetable transplanter for paper pot seedlings[J]. Biosystems engineering, 2011(2):189 - 197.
[98] Vermeulen G D, Mosquera J. Soil, crop and emission responses to seasonal - controlled traffic in organic vegetable farming on loam soil[J]. Soil & Tillage Research, 2009(1):126 - 134.
[99] 方志权,顾海英,央朝兴.日本蔬菜产业发展新动向[J].中国农村经济,2003(7):70 - 75.
[100] 黄丹枫.叶菜类蔬菜生产机械化发展对策研究[J].长江蔬菜,2012(2):1 - 6.
[101] 鞠金艳.黑龙江省农业机械化发展的系统分析与对策研究[D].哈尔滨:东北农业大学,2011.
[102] 康国光,蔡芳,高群.蔬菜机械化生产发展现状与对策思考[J].长江蔬菜,2013(14):69 - 72.
[103] 梁松练,李志伟,李就好,等.南方蔬菜生产机械化的特点与对策[J].农机化研究,2004(5):47 - 48.
[104] 刘佩军.中国东北地区农业机械化发展研究[D].长春:吉林大学,2007.
[105] 刘瑞涵.中国蔬菜产业外向型发展研究[M].北京:中国农业出版社,2006.
[106] 刘天福.农业机械化技术经济基本知识[M].中国农业机械出版社,1982.
[107] 吕美晔.我国蔬菜产业链组织模式与组织效率研究[D].南京:南京农业大学,2008.
[108] 农民技术培训教材编委会.贵州主要蔬菜无公害栽培技术[D].贵阳:贵州科技出版社,2010.
[109] 孙静,姜丽.美国、日本蔬菜产业的发展特点[J].世界农业,2012(9):36 - 38.
[110] 汪懋华.农业机械化工程技术[M].郑州:河南科学技术出版社,2000.
[111] 王福林.农业系统工程[M].北京:中国农业出版社,2006.
[112] 王健梅.美国蔬菜产业的现代化[J].中国农业信息,2006(6):19.
[113] 王俊,杜冬冬,胡金冰,等。蔬菜机械化收获技术及其发展[J].农业机械学报,2014,45(2):81 - 87.

[114] 王耀林. 设施园艺工程技术[M]. 郑州:河南科学技术出版社,2000.
[115] 项朝阳. 我国蔬菜生产成本收益波动研究[J]. 长江蔬菜,2012(21):2-5.
[116] 肖体琼,何春霞,曹光乔,等. 机械化生产视角下我国蔬菜产业发展现状及国外模式研究[J]. 农业现代化研究,2015,36(5):857-861.
[117] 肖体琼,何春霞,崔思远,等. 蔬菜生产机械化作业工艺研究[J]. 农机化研究,2016(3):259-262.
[118] 杨丽梅. 结球甘蓝花椰菜青花菜栽培技术[M]. 北京:金盾出版社,2001.
[119] 杨顺江. 中国蔬菜产业竞争力研究[M]. 北京:农业出版社,2006.
[120] 余友泰. 农业机械化工程[M]. 北京:中国展望出版社,1987.
[121] 张平华,夏俊芳. 我国蔬菜生产机械化现状及发展趋势[J]. 农业机械,2005(9):60-61.
[122] 赵海燕. 中国蔬菜产业国际竞争力研究[M]. 北京:中国农业出版社,2004.
[123] 郑远. 现代化的美国蔬菜产业[J]. 世界农业,2008(5):49.
[124] 中国农业机械化科学研究院情报室. 蔬菜机械[M]. 北京:中国农业机械出版社,1986.